U0223534

北京师范大学珠海分校学术文库

多媒体传输与视觉跟踪关键技术

杨　戈　著

科学出版社

北　京

内 容 简 介

本书介绍了多媒体传输与视觉跟踪中的关键技术，第1~2章介绍了多媒体传输和视觉跟踪技术的应用领域和常用方法以及分类，第3~9章分别介绍了基于CDN和基于P2P的多媒体传输关键技术，第10~12章介绍视觉跟踪关键技术，第13章总结与展望多媒体传输和视觉跟踪关键技术。

本书可作为普通高等院校信息与通信、多媒体等相关领域研究生和本科生的教材，也可供流媒体和计算机视觉领域的专业技术人员阅读参考。

图书在版编目(CIP)数据

多媒体传输与视觉跟踪关键技术/杨戈著. —北京：科学出版社，2013.11
ISBN 978-7-03-039121-6

Ⅰ.①多… Ⅱ.①杨… Ⅲ.①多媒体技术-视觉跟踪-研究
Ⅳ.①TP37

中国版本图书馆CIP数据核字(2013)第270189号

责任编辑：任 静 高慧元／责任校对：宣 慧
责任印制：徐晓晨／封面设计：迷底书装

科学出版社出版
北京东黄城根北街16号
邮政编码：100717
http://www.sciencep.com
北京京华虎彩印刷有限公司 印刷
科学出版社发行 各地新华书店经销
*
2013年11月第 一 版 开本：B5(720×1 000)
2015年 6 月第二次印刷 印张：10 1/4
字数：210 000
定价：49.00元
(如有印装质量问题，我社负责调换)

前　　言

随着宽带的普及和通信网络技术的迅速发展，以多媒体传输技术为基础的流媒体技术的应用越来越广泛。流媒体技术的应用为网络信息交流带来革命性的变化，对人们的工作和生活产生深远的影响。在流媒体技术领域，围绕流媒体内容的调度、缓存、预取、数据分配和接纳控制的研究已经成为热点，本书对这些问题进行了较深入的探讨。本书总结了作者在多媒体传输领域的主要研究成果，提出了以下几种算法：基于自然数分段的流媒体主动预取算法、基于主动预取的流媒体代理服务器缓存算法、基于段流行度的流媒体代理服务器缓存算法、基于交互式段流行度的流媒体代理服务器缓存算法、基于代理缓存的流媒体动态调度算法、基于对等网络的流媒体数据分配算法和基于对等网络的流媒体接纳控制算法，并实现了视频流媒体仿真平台，对上述算法进行了仿真验证和性能分析。

多媒体传输技术的发展也促使视觉跟踪成为目前计算机视觉领域中最热门的研究方向之一。视觉跟踪技术在图像序列的每一帧图像中找到感兴趣的运动目标所处的位置，可用于人与机器人的交互、视觉智能监控、智能机器人、虚拟现实、基于模型的图像编码、流媒体的内容检索等。本书总结了作者在视觉跟踪领域的主要研究成果，提出了一种面向人体运动视觉跟踪的多线索融合算法和基于视觉注意和多线索融合的人体运动视觉跟踪算法。通过大量实验对上述算法进行了验证和性能分析。

本书的创新工作简要归纳如下：

(1)提出了一种基于代理缓存的流媒体动态调度算法(Dynamic Scheduling Algorithm for Streaming Media Based on Proxy Caching，DS^2AMPC)。

(2)提出了一种基于段流行度的流媒体代理服务器缓存算法(Proxy Caching Algorithm Based on Segment Popularity for Streaming Media，P^2CAS^2M)。

(3)针对流媒体质量要求较高的用户，提出了基于自然数分段的流媒体主动预取算法和基于主动预取的流媒体代理服务器缓存算法(Proxy Caching Algorithm Based on Active Prefetching for Streaming Media，P^2CA^2SM)。

(4)针对交互式流媒体的特点，提出了基于交互式段流行度的流媒体代理服务器缓存算法(Proxy Caching Algorithm Based on Interactive Segment Popularity for Streaming Media，P^2CAS^2IM)。

(5)提出了基于对等网络的流媒体数据分配算法(Data Assignment Algorithm Based on Peer to Peer for Streaming Media, DA^2SM_{P2P})和接纳控制算法(Admission Control Algorithm Based on Peer-to-Peer for Streaming Media, A^2CSM_{P2P})。

(6)提出了一种基于预测目标位置特征、运动连续性特征和颜色特征的多线索融合算法。

(7)提出了一种基于视觉注意和多线索融合的人体运动视觉跟踪算法。

(8)实现了相似颜色背景干扰、运动目标被遮挡、运动目标越界、视频颜色饱和度不足等多种复杂环境下的人体运动视觉跟踪算法,检验了上述算法的有效性。

本书的组织结构如下。

第1章。引入流媒体的概念,介绍发展现状、主要面临的挑战,以及本书的结构。

第2章。概述多媒体传输与视觉跟踪的关键技术,包括流媒体系统的分类以及点播型流媒体系统的数学模型、视觉跟踪算法的分类、视觉跟踪的常用方法。本章是后续章节的理论基础。

第3章。流媒体调度技术研究。在总结现有调度技术成果的基础上,提出了一种基于代理缓存的流媒体动态调度算法 DS^2AMPC,并通过仿真实验验证了该算法的有效性。

第4章。流媒体代理缓存技术研究。提出了一种基于段流行度的流媒体代理服务器缓存算法 P^2CAS^2M,定义了非交互式媒体对象段流行度,根据流媒体文件段的流行度,实现了代理服务器缓存的分配和替换,使流媒体对象在代理服务器中缓存的数据量和其流行度成正比,并且根据客户平均访问时间动态决定该对象缓存窗口的大小。

第5章。提出了基于自然数分段的流媒体主动预取算法,并通过仿真实验验证了该算法的有效性。

第6章。针对流媒体质量要求较高的用户,提出了基于主动预取的流媒体代理服务器缓存算法 P^2CA^2SM,并通过仿真实验验证了该算法的有效性。

第7章。针对交互式流媒体的特点,提出了基于交互式段流行度的流媒体代理服务器缓存算法 P^2CAS^2IM,定义了交互式媒体对象段流行度,并通过仿真实验验证了该算法的有效性。

第8章。提出了一种基于对等网络的流媒体数据分配算法 DA^2SM_{P2P},并通过仿真实验验证了该算法的有效性。

第9章。提出了一种基于对等网的流媒体接纳控制算法 A^2CSM_{P2P},并通过仿真实验验证了该算法的有效性。

第10章。提出了一种基于预测目标位置特征、运动连续性特征和颜色特征的多线索融合算法,实现方法用于解决前景与背景颜色相似的情况。

第 11 章。提出了一种基于视觉注意和多线索融合的人体运动视觉跟踪算法，利用视觉注意机制选择易于跟踪的辅助物，以颜色特征、预测目标位置特征和运动连续性特征来确定目标和辅助物的位置。

第 12 章。实现了相似颜色背景干扰、运动目标被遮挡、运动目标越界、视频颜色饱和度不足等多种复杂环境下的人体运动视觉跟踪算法，检验了上述算法的有效性。

第 13 章。对研究工作的总结和展望，包括本书的主要创新工作、研究局限以及下一步的研究方向。

衷心地感谢刘宏教授、廖建新教授的指点与帮助。感谢北京邮电大学网络与交换技术国家重点实验室、北京大学机器感知与智能教育部重点实验室、北京大学深圳研究生院集成微系统科学工程与应用重点实验室、深圳市物联网智能感知技术工程实验室，以及北京师范大学珠海分校的各位老师和同学，感谢丁润伟、朱晓民、王晶、徐童、樊利民等给本书提供的巨大帮助和支持。

本研究成果曾先后获得以下项目和科研单位的支持：国家杰出青年科学基金(No. 60525110)、国家 973 计划项目(No. 2007CB307100, No. 2007CB307103)、教育部新世纪优秀人才支持计划(No. NCET-04-0111)、工业和信息化部电子信息产业发展基金项目(基于 3G 的移动业务应用系统)、国家 863 课题(No. 2006AA04Z247)、国家自然科学基金(No. 60675025，No. 60875050, No. 60975014, No. 61272364)、广东省自然科学基金项目(No. 9151806001000025)、深圳市科技计划项目及基础研究计划项目(No. JC200903160369A, No. JC201005270275A)、深圳市战略性新兴产业发展专项资金项目(No. JCYJ20120614144655154)、辽宁大学国家级项目预申报基金项目(No. 60902552, No. 2009LDGY10)；深圳市网络环境下的智能监控系统公共技术服务平台、深圳市物联网智能感知技术工程实验室、北京师范大学珠海分校科研创新团队(多媒体传输与计算机视觉研究团队，No. 201251006)；北京师范大学珠海分校教改项目(“手机原理与移动通信技术”的实践性教学改革，No. 201329)；本书还获得“北京师范大学珠海分校 2013 年科研成果出版支持计划”经费资助，在此一并表示感谢。

鉴于作者学识水平有限，加之多媒体传输与视觉跟踪技术涉及的领域广泛、内容庞杂，书中难免会有疏漏和不足之处，敬请广大读者批评指正。

目　　录

第1章　绪　　论

1.1　多媒体传输

随着IP业务的快速发展，运营商和业务提供商面临着新的商业机会，各运营商希望通过开展新业务把网络能力转化为竞争能力，为用户提供更具吸引力的业务，同时满足运营商自身的盈利需求。人们也不再满足于信息高速公路上仅有文本、图像或者声音这一类简单的信息，而越来越希望更直观、更丰富的新一代信息的表现形式。因此，流媒体越来越受人们的重视，更有人预言，流媒体将是未来通信中的主流业务。

流媒体是指在网络中使用流式传输技术传输的连续时基媒体，如音频、视频、动画或其他多媒体文件。与传统的多媒体相比，流媒体具有如下特点[1-3]：①流媒体的内容是时间上连续的媒体数据(如视频、音频、动画等)；②流媒体内容可以不经转换便能通过网络流式传输；③具有较强的实时性和较好的用户交互性要求；④高效性，流媒体是以流的形式进行多媒体数据的传输，即把连续的影音信息经压缩处理后放到网络服务器上，让浏览者不需等到下载完成，就可一边下载一边观赏，缩短了用户的启动等待时间；⑤客户端接收、处理和回放流媒体文件过程中，文件不在客户端长时间驻留，播放完随即被清除，不占用额外的客户端存储空间；⑥由于流媒体文件不在客户端保存，从而在一定程度上解决了媒体文件的版权保护问题。

1.2　流媒体技术的发展和应用前景

1.2.1　流媒体技术标准

近年来，围绕媒体内容的制作、发布、传输、播放，已经开展了大量研究工作，并在此基础上形成了一系列标准。

参与流媒体技术国际标准研究和制定的机构包括IETF、ITU-T、ISO/IEC等。其中，IETF重点研究流式数据在Internet上的承载、传输和控制，已经制定的主要标准包括实时传输协议(RTP)/实时传输控制协议(RTCP)、实时流协议(RTSP)、网络资源预留协议(RSVP)、会话描述协议(SDP)、会话初始协议(SIP)

等。ITU-T 和 ISO/IEC 是目前国际上制定视频编码标准的正式组织[4]，ITU-T 的标准命名为 H.26x 系列建议；ISO/IEC 的标准称为 MPEG-x。H.26x 系列建议主要用于实时视频通信，如视频会议、可视电话等；MPEG 系列标准主要用于视频存储(DVD)、视频广播和视频流媒体(如基于 Internet、DSL 的视频、无线视频等)。

我国工业和信息化部也在流媒体技术的国内标准和行业标准方面做了大量工作[5,6]。其中，数字音视频编解码技术标准工作组提出的信息技术先进音、视频编解码标准 AVS(Audio Video coding Standard)[7]已获批准成为国家标准，并先后推出了《基于 IP 网络的流媒体业务技术框架》、《移动通信分组交换流媒体技术要求》、《支持流媒体业务终端设备技术要求》、《IPTV 平台总体架构》、《IPTV 业务运营平台与内容运营平台接口要求》等多种标准的征求意见稿或送审稿，在流媒体领域的标准制定方面，取得了长足的进步，拉动了产业链的良性发展。

1.2.2 流媒体技术的应用

无论是对于固定网，还是移动通信网，流媒体都是一种非常重要的应用，可广泛应用在多媒体新闻发布、网上演示、在线直播、网络广告、电子商务、视频点播、远程教育、远程医疗、IPTV、数字化多媒体图书馆、网络电台、实时视频会议等信息服务领域。

近来，日本的 NTT DoCoMo 公司基于流媒体技术推出的多种多媒体应用已取得了巨大成功。为了开发手机电视的市场需求，部分电信系统商也已经开始在手机上提供电视收视的服务，其中较为知名的有 Hutchison 3G 以及最近的 Orange、Vodafone 与意大利电信(Telecom Italia)等。这些服务和传统电视并不相同，手机通过电信网络(2.5G/2.75G/3G)连接到媒体服务器，采用点对点流媒体方式播放，而非多点式的广播。

2000 年 12 月，中国电信推出了新一代视讯会议系统——“新视通”[8]。“新视通”是集音频、视频、图像、文字、数据为一体的多媒体通信方式，利用多媒体技术在电信宽带互联网上传送可视图像、语音和数据等信息。2003 年推出宽带应用门户“互连星空”(www.chinavnet.com)[9]，以流媒体、视频为主要表现形式，汇聚了多家 SP 提供的大量视频、音乐、游戏、教育等精彩内容，具有“一点接入，全网服务；一点结算，全网收益；一点认证，全网通行”等特点，极大地推进了 Internet 流媒体业务的发展，加快了商业化运营进程。

2003 年 5 月，中国联通正式推出宽带视讯业务——“宝视通”[10]。“宝视通”是联通采用先进的 IP 技术，向单位用户和家庭用户同时传送语音、图像、图文信

1.4.1　视觉跟踪在智能监控系统中的应用

视觉智能监控系统涵盖了安防、交通、消防、军工、通信等领域，视频监控系统已经应用于小区安全监控、火情监控、交通违章、流量控制、军事和银行、商场、机场、地铁等公共场所安全防范等。传统的视频监控系统通常只是录制视频图像，用来当做事后证据，没有充分发挥实时主动的监控作用。如果将现有的视频监控系统改进成为智能视频监控系统，就能够大大地增强监控能力、减少安全隐患，同时节省人力和物力资源，节约投资。视频智能系统可以解决的问题有两个：一个是将安防操作人员从繁杂而枯燥的“盯屏幕”任务解脱出来，由机器来完成这部分工作；另外一个是在海量的视频数据中快速搜索到想要找的图像，即对目标进行跟踪。例如，北京地铁13号线，利用视频分析抓住窃贼；浦东机场、首都机场以及多条在建铁路项目，都要使用视频分析技术，而视觉跟踪方法就是这些视频分析技术的核心和关键技术之一。

智能监控系统会将路况信息提供给驾驶员和交通管理人员，方便驾驶人员为接下来的出行提前作出反应，这样最大限度地遏制了交通问题的严重化和扩大化。也可以为监控部门提供历史数据，便于后续分析和决策[13]。

汽车自动驾驶系统可以辅助驾驶员驾驶汽车或替代驾驶员自动驾驶汽车，它通过安装在汽车前部和旁侧的摄像头、雷达或红外探测仪，来准确地判断汽车与障碍物之间的距离，遇紧急情况，车载电脑能及时发出警报或自动刹车避让，并根据路况自己调节行车速度，被称为“智能汽车”。在奔驰汽车自动驾驶系统中，摄像头把车辆前方的道路的图像信息反馈给系统，通过计算机的后续处理，识别出道路，进而控制车辆方向盘转动来调节方向[14]。

1.4.2　视觉跟踪在其他领域中的应用

人机交互(Human Computer Interaction, HCI)主要研究的是人与系统之间如何传递、交换信息以及如何互动的问题。计算机视觉就是利用各种成像系统代替人眼作为输入手段，并由计算机来代替大脑完成处理和解释，最终使计算机具有通过视觉观察和理解世界的能力，视觉跟踪是其中重要的研究内容。日本本田公司开发的步行机器人ASIMO，利用其身上安装的视觉传感器，可以辨识出附近的人和物体，具有非常友好的人机交互能力[15]。

图1-1所示为北京大学机器感知与智能教育部重点实验室研究开发的机器人鹏鹏，能在复杂的环境下与人互动，实现商店导购、举手检测、视觉定位、与人进行捉迷藏游戏等功能，具有良好的人机交互能力。

虚拟现实[16]是以沉浸性、交互性和构想性为基本特征的计算机高级人机界

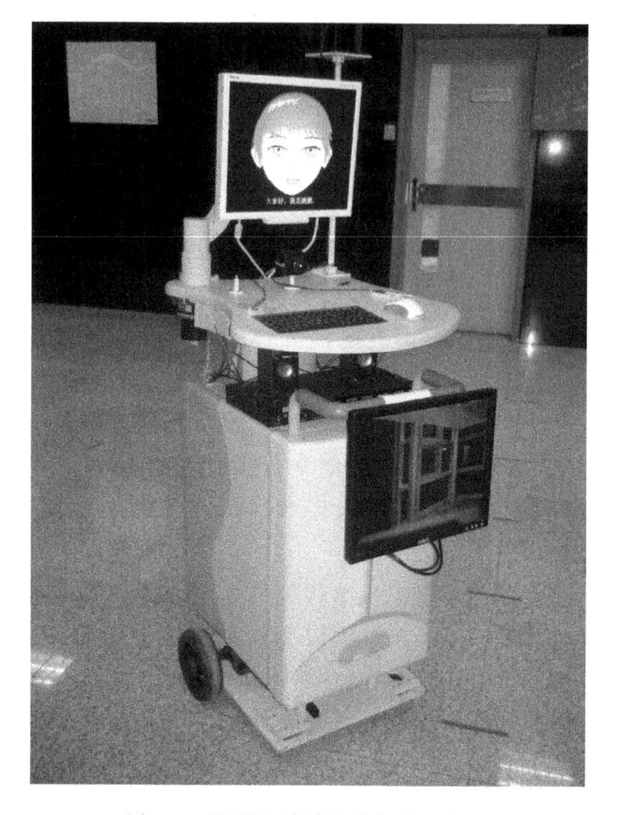

图 1-1 机器人鹏鹏在进行人机交互

面。它模拟人的视觉、听觉、触觉等感觉器官功能，使人能够沉浸在计算机生成的虚拟境界中，并能够通过语言、手势等自然的方式与之进行实时交互，创建了一种适人化的多维信息空间。使用者不仅能够通过虚拟现实系统感受到在客观物理世界中所经历的“身临其境”的逼真性，而且能够突破空间、时间以及其他客观限制，感受到真实世界中无法亲身经历的体验。

基于内容的检索[17]是从媒体内容中提取信息线索。它突破了传统的基于关键词检索的局限，直接对图像、视频、音频进行分析，抽取特征，使得检索更加接近媒体对象。

1.5 视觉跟踪算法的分类

视觉跟踪简单地说就是估计一个对象的运动轨迹。另外，一个跟踪系统还可以获得被跟踪对象的一些信息，如对象的运动方向、速度、加速度、位置等，从而为进一步处理与分析，实现对运动对象的行为理解，完成更高一级的任务做准备。

一个理想的视觉跟踪算法应具有以下特性。

(1)快捷性:视觉跟踪算法应该能够有效地跟踪运动目标,同时对场景的突然变化作出反应,这是视觉跟踪算法的根本目的。

(2)鲁棒性:鲁棒性意味着可用性。被跟踪对象从3D投影到2D时造成的信息损失,图像中的噪声,物体运动的复杂性,非刚性物体及其关节的本质特征,部分和全部遮挡造成的信息暂时消失,物体姿态的复杂性,场景的光照变化等,会给视觉跟踪带来很多挑战,用户希望算法可以工作在这些复杂环境和情况下。

(3)透明性:视觉跟踪算法对客户应是透明的,客户得到的结果仅是快速的响应和良好的可用性。

(4)高效性:视觉跟踪算法带来的运算开销越小越好。

(5)稳定性:视觉跟踪算法不应给后续的运动识别带来不稳定因素。

(6)简单性:实现简单的视觉跟踪算法更容易被普遍接受,一个理想的视觉跟踪配置起来应简单易行。

通常,为了更快地运行视觉跟踪算法,减少对资源的需求,视觉跟踪算法应该设计得更简单;为了更准确地跟踪目标,视觉跟踪算法又往往要设计得很复杂。

视觉跟踪算法有两类:自底向上和自顶向下。自底向上方法通常是通过分析图像内容来重建目标状态,如重建参数化的形状。这种方法在计算量上是有效的,但它的健壮性很大程度依赖于对图像的分析能力。自顶向下方法产生和估计一系列基于目标模型的状态假设,通过估计和校正这些图像观测的假设来实现跟踪。它通常有四个组成成分:目标表示、观测表示、假设的产生和假设的估计。这种方法的健壮性较少依赖于对图像的分析能力,这是因为把目标假设作为分析图像的限制条件,而性能很大程度是由产生和校正这些假设的方法来决定的。为了获得健壮的跟踪效果,需要很多目标假设,而对这些假设进行估计又需要大量的计算。其中,后者是目前视觉跟踪的主流方法,将这两种数学方法结合起来有助于提高跟踪算法的健壮性,又可以减少计算量。

视觉跟踪算法之间的差别一般有以下几方面[18]:

(1)跟踪对象的表示。

(2)跟踪对象的外表、运动、形状的表示。

(3)图像特征的选择。

传统的跟踪对象可以表示为点、原始的几何形状(如矩形、椭圆形等)、对象的轮廓和投影、骨架模型、关节状模型等[18]。

视觉跟踪算法一般分成基于区域的跟踪算法(region-based tracking algorithm)、基于模型的跟踪算法(model-based tracking algorithm)、基于特征的跟踪算法(feature-based tracking algorithm)、基于主动轮廓的跟踪算法(active contour-based tracking algorithm)。常用的数学方法有卡尔曼滤波器(Kalman filter)、Mean Shift、粒子滤波器(particle filter)、动态贝叶斯网络等[19]。

1.5.1 基于区域的跟踪算法

基于区域的跟踪首先要分割出视频对象(video object),在连续帧中建立起被分割区域之间的联系,进而对视频对象进行跟踪[20]。它在包含多个对象的场景中能够取得较好的效果,但不能可靠地处理对象之间的遮挡,而且只能获得区域级别的跟踪结果,不能获得对象的3D姿势(3D姿势由对象的位置和方向构成)或轮廓。

文献[21]针对对象和摄像机运动无规则的环境,根据运动显著性检测的机制,提出了新的跟踪方法,结合目标对象的多个空间特征来实现基于区域的跟踪任务。基于区域的跟踪模型为:每帧都对每个目标对象的特征进行更新,产生自适应的模版,如果匹配错误较少,则运动显著图中的兴趣区域就被标记成目标对象。但是,该方法没有考虑遮挡问题。

文献[22] 针对室内环境,利用一些特征来实现单个人体的跟踪。人体被划分成代表人体各个部分(如头、四肢等)的块(blob),它采用最大后验概率(maximum a posteriori probability, MAP)方法,结合先验知识来检测和跟踪人体运动,并对每个像素都进行高斯建模处理,然后由分类器决定这个像素是否属于前景,属于人体的像素被指定到相应的人体部分块中,但是Pfinder系统,即人体实时跟踪系统,只能适应场景范围较小或者逐渐变化的情况,不适合场景范围较大或者剧烈变化的情况。

文献[23]将图像序列中的当前帧分割成不重叠的区域:跟踪区域(the tracking regions)和非跟踪区域(non-tracking region)。这个分割可以看成马尔可夫标记过程。在贝叶斯框架中,它使用区域的空间特征概率表达式作为条件分布,这个跟踪算法能够解决局部变形和部分遮挡问题。它不要求跟踪区域的形状属于特定形状,也不要求跟踪区域和背景有较大区别。它使用二重随机模型使得估计最优标记域更加快速和准确。但是,它要求跟踪区域的外形服从确定的概率分布。

1.5.2 基于模型的跟踪算法

基于模型的跟踪算法首先由先验知识产生对象的模型,然后将图像数据和对象模型进行匹配来实现跟踪对象。这种跟踪算法具有较强的健壮性,即使在对象间互相遮挡或干扰的情况下,也能取得较好的性能。对于人体跟踪,能够综合考虑人体结构、人体运动的限制和其他先验知识;对于3D模型的跟踪,一旦建立了

2D图像坐标和3D坐标的几何关联，也就自然获得了对象的3D姿势；即使对象改变了较大的角度，也可以运用基于3D模型的跟踪算法。

文献[18]将人体模型分为线图模型、2D模型、3D模型和等级模型。线图模型把身体各个部分用线以及关节（关节把线连接起来）相连接的方式再现。2D模型是把身体直接投影到图像平面上，但它对观测角度进行了限制。3D模型包括椭圆圆筒状、圆锥体等，它不需要对观测角度进行限制，但它需要更多的参数、更复杂的计算。等级模型将人体分成骨架、代表脂肪的椭圆球、代表皮肤和阴影的多边形表面，这种模型可以获得更加准确的效果，但也更复杂。

文献[24]针对复杂的、有关节的对象提出了基于模型的跟踪算法，跟踪算法将观测到的场景灰度图像和以前收集到的被跟踪对象的配置信息结合起来，估计被跟踪对象的配置。它是基于对象上的离散特征之间的联系来跟踪对象的，首先通过模板匹配来搜索特征的位置，然后从特征之间的联系来推断对象的运动。整个跟踪系统建立了五个模型：整体系统模型、对象几何模型、对象外表模型、图像模型和对象动态模型。对象几何模型描述关节对象各个连接的形状和大小以及运动；对象外表模型是描述颜色、纹理和用在关节上的材料的，对象外表模型和对象几何模型共同决定了对象每点的位置和外表；图像模型是用数学方式描述摄像机；对象动态模型通过状态空间来描述关于运动的假设；在整体系统模型中，通过初始化函数来实现其他模型，但是，它需要事先给定被跟踪对象的外表模型和结构，造成一定的局限性。

文献[25]提出了在3D空间中，基于格子的马尔可夫任意域的模型，它由表现拓扑约束的全局晶格结构和处理局部几何以及外表变化的图像观测模型构成，利用信任传播和粒子滤波器实现了跟踪算法，不需要对运动类型或光照条件做任何假设，有效地解决了动态近似纹理跟踪的困难。这个跟踪算法由纹理检测、空间推理、时间跟踪和模板更新等构成。但是它不允许格子拓扑在跟踪过程中动态变化，失去了自适应性。

文献[26]提出了基于模型的跟踪算法，它通过检测和跟踪运动对象提取了目标的轨迹，构造了一个模型，然后用模型和后续的图像进行匹配，实现跟踪对象。这个模型能够表示目标对象的区域和结构特征，如对象的形状、纹理、颜色、边缘等。它包括两个模块：预计模块和更新模块。预计模块用来估计目标对象的运动参数，更新模块用来表示目标对象的变化。它还设计了能够体现跟踪对象的结构属性和光谱属性的能量函数，运用卡尔曼滤波器预计运动信息，减少了匹配过程的搜索空间。但是，它没有考虑跟踪对象的遮挡问题。

文献[27]针对较低分辨率的脸部图像，提出了基于3D几何模型的脸部跟踪算法，首先估计3D脸部模型的运动参数，然后提取脸部模型的稳定纹理图。脸部纹理图像的表面变化反映了运动估计的准确性或者光线变化的情况，所以脸部纹理图像的表面变化又被用来估计脸部运动。但是，它的计算成本较高。

1.5.3 基于特征的跟踪算法

基于特征的跟踪算法通过提取图像中元素，把它们归结为高级别的特征，然后在图像之间匹配这些特征，从而实现对象的跟踪。这种算法的好处是即使出现局部遮挡，运动对象的一些子特征仍然可见。它分成基于全局特征的跟踪算法、基于局部特征的跟踪算法和基于依赖图像的跟踪算法[19]。

为了解决遮挡问题，改善基于特征的跟踪，文献[28]提出了分布实时的计算平台，它使用了智能多视角的空间综合方法，使得在特征点被遮挡时，仍能实现准确的特征跟踪。它对空间数据运用概率权值配置，实现了简单的动态多维拓扑结构的贝叶斯信任网，通过综合考虑时间和空间的信任分布，改善了被遮挡特征的跟踪。但是，它的实现需要多个摄像机从不同视角协同工作，增加了协调的难度。

为了从视频中检测出公路标志上的文本，文献[29]设计了一个健壮的框架，它实现了公路标志的定位和标志中文本的检测两个子功能，通过基于特征的跟踪算法把两个子功能自然地合并到一个统一的框架中。

文献[30]提出了在自然环境中，移动机器人基于视觉的3D定位系统，通过使用特征跟踪和迭代运动估计，得到准确的运动向量，场景特征和机器人的3D位置通过卡尔曼滤波器来修正。但是它的计算成本较高，实现较困难。

文献[31]提出了基于视觉的移动机器人的双目稀疏特征分段算法，它使用Lucas-Kanade特征检测和匹配来决定图像中人体的位置，并控制机器人。随机抽样舆论策略被用来分隔稀疏不等图，同时估计人体和背景的运动模型。它不要求人体穿戴和周围环境不同颜色的衣服，能够可靠地跟踪室内和室外的人体。但是，仅依靠稀疏特征使得系统容易被具有相似运动的其他对象干扰，另外，它不能处理当人体离开摄像机视野的情况，也不能处理人体被其他对象完全遮挡的情况。

1.5.4 基于主动轮廓的跟踪算法

基于主动轮廓的跟踪（即基于Snake模型的跟踪或基于可变形模型的跟踪）通常不是利用整体对象的空间和运动信息，仅依靠视频对象边界的信息来实现跟踪[20]。它再现对象的轮廓，并在后续的视频帧中动态地更新对象的轮廓，广泛应用于边缘检测、图像分割、形状建模和物体跟踪等图像处理和计算机视觉领域。Snake是在图像域内定义的可变形曲线，通过对其能量函数的最小化，从而调整

Snake的自然形状,使其与对象轮廓相一致。Snake的形状由曲线本身的内力和图像数据的外力所控制。作用在Snake上的力依据轮廓所处的位置及其形状局部调整曲线的变化。内力和外力的作用是不同的:内力起到平滑约束的作用,描述弹力的属性和轮廓的刚性;而外力引导Snake向图像边界移动[32,33]。与基于区域的跟踪算法比,基于主动轮廓的跟踪算法描述对象更简单、更有效,减少了计算的复杂性,即使在干扰或被部分遮挡的情况下,仍能连续跟踪对象。但是基于主动轮廓的跟踪算法的准确性被限制在轮廓级别,而且它对跟踪的初始化特别敏感,如果初始轮廓位置设置不当,可使得能量函数只是达到局部极小,这时的分割结果就是错误的,使得这种跟踪算法很难自动地开始运行。Snake模型非常适合可变形目标的跟踪。

Snake模型可分成参数模型[34-40]和非参数模型[41]。参数模型引入的能量函数不是固定的,它是通过参数来表示和改变的,通过参数来决定外部力量的形式,在外部力量和内部力量之间调整,取得平衡。因此,寻找适合的参数是实现这种模型的难点。非参数模型把寻找适合参数的问题转化成寻找适合的密度估计问题[42]。

文献[35]第一次提出了主动轮廓模型,设计了这样一个能量函数:其局部极值组成了可供高层视觉处理进行选择的方案,从该组方案中选择最优的一种是由能量项的叠加来完成的。这样,在寻找显著的图像特征时,高层机制可能通过将图像特征推向一个适当的局部极值点而与模型进行交互。它通过收敛曲线能量函数实现对图像轮廓的精确定位,更好地利用了能量函数,使用尺度空间来扩大兴趣特征周围的抓取区域。它可以统一处理过去需要不同对待的视觉问题,在同一框架中,可以很容易找到边缘、线条、轮廓并进行处理。它更侧重于跟踪时变图像的轮廓,算法的搜索效率并不是很理想。

文献[36]提出了能够自动提取用户嘴唇的模型,它使用了高斯混合模型、形状判别模型、贝叶斯模型等。它实现了无需外界监督的分割方法,能够定位用户的脸和嘴唇。随着兴趣区域被自动定位,模型的提取问题转化成传统的模型相称的问题。它利用常用形状作为先验知识来提高提取嘴唇模型的准确性。但是它没有给出在分级分割过程中混合器的最佳数目,实现较困难。

文献[37]提出了基于卡尔曼滤波器的卡尔曼Snake模型,它由两部分组成:①基本Snake模型,用于单帧图像的分割;②用于设定每帧Snake的初始位置,它由前n帧位置的卡尔曼估计得到。卡尔曼Snake模型能够检测运动图像中对象的位置和运动速度。它把基于梯度的图像潜力和沿着轮廓的光流作为系统的测量方法,使用基于光流法的检测机制,提高了算法的健壮性,解决了遮挡问题。但这种模型比较复杂,对于剧烈变化的运动(如跳水)效果不太理想。

在分析微脉管系统时，通过视频显微镜方法检测和跟踪血管边界是很困难的，文献[38]提出了新的基于主动轮廓的跟踪算法，它将梯度向量流和B-spline模型相结合，改进了多尺度梯度向量流，减少了噪声的干扰。但是它过于复杂，实现较困难。

文献[39]使用一系列的模板(轮廓)变形来模拟和跟踪视频对象，它将变形分成等级：全局仿射变形、局部仿射变形和任意光滑变形(蛇形)。这样使得跟踪算法能够及时地适应被跟踪对象姿势和形状的变化。如果被跟踪对象是非刚性的，每个视频帧以后要更新整个模板；如果被跟踪对象是刚性的，只需要更新对象的姿势。但是它不能处理一般的需求，如在跟踪过程中，不能自动调整参数和模板的类型。

文献[40]通过使用局部运动和颜色信息，运用分段轮廓预测，实现了视频对象的边界跟踪。分段轮廓预测和对每个轮廓段两侧运动的建模使得跟踪算法能够准确地决定是否以及哪里发生了被跟踪的边界被其他对象遮挡，预测出可视对象的边界。能量函数和轮廓段相关，而和尺度(分辨率)无关，针对多尺度轮廓跟踪，不需要重新调整能量函数的权重，轮廓的预测可以通过比真实轮廓更低尺度的图像来实现，可以用合理的计算成本跟踪很高分辨率的轮廓。

文献[41]针对被跟踪对象的形状已知，或最终形状与初始形状相似的问题，提出了基于测地线主动轮廓的非参数拓扑约束的分割模型，整体考虑了拓扑约束，拓扑约束是基于几何观测的，在轮廓更新过程中作为约束条件。

文献[42]和[43]提出了非参数主动轮廓方法，首先不需要考虑轮廓形状就利用边域，由非参数Snake优先定义局部轮廓形状，基于核密度估计的表示方式呈现了一个便利的参数选择框架，而且更具有健壮性。但它不能由一个可调整的粒度水平来控制多个分段。

文献[44]提出了基于贝叶斯决策理论的非参数统计压力Snake，非参数方法用来取得统计模型来驱动曲线，实现了多颜色目标的跟踪。

目前解决基于主动轮廓的跟踪算法初始化问题的方法有基于多分辨率的方法[45]和距离潜能方法[46]。但是前者对如何通过不同分辨率决定Snake移动的方式还没有解决。后者引入外部模型来指引轮廓向对象边界移动，这种方法明显增加了查询范围，克服了初始化困难的情况。另外一个问题是无法沿着边界进入凹点，解决方法有定向景点[47]、控制点[48]和压力力量[49,50]等，有效地解决了抓取范围的问题，也提供了一个有效地定义外部域的方法，对初始化不敏感，而且能够解决进入边界凹点的问题。但是，参数模型为了找到适合的结果，需要用一系列不同的参数值运行算法多次，直到取得满意的性能。

1.6 视觉跟踪的常用数学方法

视觉跟踪的常用数学方法有参数估计方法和无参密度估计方法。参数估计方法假设特征空间服从一个已知的概率密度函数，由目标区域中的数据估计密度函数的参数，通过估计的参数得到这个概率密度函数，这个函数一般是典型的函数，大部分是单峰的。但是在实际中，这个概率密度函数很难确定，而且特征空间也不一定服从一个概率密度函数。这时，无参密度估计方法能较好地处理这个问题。

设状态空间中的状态序列是$\{x_k\}_{k=0,1,2,\cdots,N}$，动态状态方程是$x_k=f_k(x_{k-1},v_k)$，可能的观测值序列是$\{z_k\}_{k=1,\cdots,N}$，观测方程是$z_k=h_k(x_k,n_k)$，通常$f_k$、$h_k$是向量值，它们是随着时间变化的函数。$\{v_k\}_{k=1,2,\cdots,N}$，$\{n_k\}_{k=1,2,\cdots,N}$是噪声序列，假定它们是独立同分布。跟踪的目的就是在给定所有的观测值$z_{1:k}$的条件下，估计状态x_k，或构造概率密度函数$p(x_k|z_{1:k})$。实现跟踪目标一般分成两步：预测和更新。预测是根据动态方程和已经计算出来的时刻$t=k-1$和状态概率密度函数$p(x_{k-1}|z_{1:k-1})$，得出目前状态的先验状态概率密度函数$p(x_k|z_{1:k-1})$；更新是使用当前观测的似然函数$p(z_k|x_k)$，来计算后验状态概率密度函数$p(x_k|z_{1:k})$。

如果噪声序列是高斯分布，f_k和h_k是线性函数，可以利用卡尔曼滤波器实现跟踪，它产生的后验概率密度函数也是高斯分布。如果f_k和h_k是非线性函数，通过线性化，可以利用扩展卡尔曼滤波器实现跟踪，它产生的后验概率密度函数也是高斯分布。如果状态空间是离散的，由有限的状态构成，可以利用隐马尔可夫滤波器实现跟踪。如果噪声序列是非高斯分布，f_k和h_k是非线性函数，可以利用粒子滤波器实现跟踪，它产生的后验概率密度函数也是非高斯分布。

1.6.1 参数估计方法

参数估计方法必须事先知道概率密度函数的形式，这在计算机视觉中很难实现，数据模型往往是未知的，如果假设的密度模型不恰当，估计就会有偏差，而且偏差又很难消除，另外参数的估计也不一定是最优的，有时只是收敛于一些局部点。

文献[51]提出了线性无偏递推卡尔曼滤波器，将状态变量引入滤波器理论，用状态空间模型代替通常用来描述它们的协方差函数。卡尔曼滤波器是针对线性状态空间模型的最优的最小均方误差估计。传统的卡尔曼滤波器只适用于状态方程和观测方程是线性系统时，同时要求后验概率分布密度和系统噪声以及观测噪声都服从高斯分布。

实际状态方程或者观测方程是非线性系统，为此很多研究学者对传统的卡尔曼滤波器进行了相应的扩展，如扩展卡尔曼滤波器(Extended Kalman Filter, EKF)[52-56]，它通过方程的一级泰勒展开式来近似最优解，即先将随机非线性系统模型的非线性向量函数 f_k 和 h_k 围绕滤波值线性化，得到系统线性化模型，然后应用卡尔曼基本方程，解决非线性滤波问题。

迭代扩展卡尔曼滤波器(Iterated EKF, IEKF)以迭代的方式使用状态向量的当前估计来线性化观测方程[52-53]。

无迹卡尔曼滤波(Unscented Kalman Filter, UKF)[52,53,57-59]是性能比 EKF 更高的替代方法，两者的主要不同是高斯随机变量传递的表示法不同。在 UKF 中，它使用确定性抽样方法，即 UT(Unscented Transformation)。虽然 UT 需要几个近似值，但它还是比其他用非线性转换传递随机变量的方法准确。UKF 的另外一个优点是不需要转换和观测方程的解析表达式，使得它能应用到基于仿真的系统中。状态分布由随机变量来近似，这些高斯型随机变量是通过一些抽样点来确定的。这些点完全代表了随机变量的真实均值和协方差，而且不管非线性程度如何，后验均值和协方差都能准确地获取到第二级(泰勒级数展开)，因此，它比 EKF 具有更好的滤波性能。当状态维数是 n 时，则只需要 $2n+1$ 个抽样点。另外，UKF 不需要明确衍生的计算，也不需要对非线性系统的表示进行分析。UKF 的计算复杂度和 EKF 的级别相同[52]。不同的方法在计算成本和结果的准确性方面有不同的性能特点。

文献[60]提出了基于窗口匹配的跟踪算法，它用差平方和作为距离相似的量度，结合了卡尔曼滤波器，增加了跟踪算法的鲁棒性。这个跟踪算法可以应用到市内车辆跟踪、两人会面中的跟踪和乒乓球比赛中对球的跟踪。但这个跟踪算法没有解决遮挡问题。

1.6.2 无参密度估计方法

Mean Shift 方法是一种快速的、沿着梯度方向进行迭代的方法，因此能够较快地找到核密度估计的峰值(模式)。它倾向于忽略离感兴趣区域较远的数据。

核密度估计是非参数化的密度函数估计方法，它是直方图的广义形式，给出了连续的密度函数估计。这种模型将每个样本视为一个简单的高斯分布或 Epanechnikov 分布。未知样本 x 是从核密度估计采样得到的概率，是对所有单个样本 x_i 所建立的概率模型的总和[61]，表示为

$$\tilde{f}(x)=\frac{1}{nh^{d}}\sum_{i=1}^{n}K\left(\frac{x-x_i}{h}\right) \tag{1-1}$$

式中,d 表示样本数据的维数(在RGB空间中,$d=3$);$K(x)$是核函数;h 为核函数的窗口宽度。

设 $k(x):[0,\infty)\rightarrow R$ 是 $K(x)$的Profile,k 满足

$$k(\|x\|^2)=K(x) \tag{1-2}$$

假设在$[0,\infty)$上,除了有限个点上不可导,$k(x)$的导数存在。定义 $g(x)$,满足

$$g(x)=-k'(x) \tag{1-3}$$

计算核密度估计的梯度

$$\begin{aligned}\nabla\tilde{f}_k(x)&=\frac{1}{nh^{d+2}}\sum_{i=1}^{n}(x-x_i)k'\left(\left\|\frac{x-x_i}{h}\right\|^2\right)\\&=\frac{1}{nh^{d+2}}\sum_{i=1}^{n}(x_i-x)g\left(\left\|\frac{x-x_i}{h}\right\|^2\right)\end{aligned} \tag{1-4}$$

式中

$$\sum_{i=1}^{n}(x_i-x)g\left(\left\|\frac{x-x_i}{h}\right\|^2\right)=\sum_{i=1}^{n}g\left(\left\|\frac{x-x_i}{h}\right\|^2\right)\left[\frac{\sum_{i=1}^{n}x_ig\left(\left\|\frac{x-x_i}{h}\right\|^2\right)}{\sum_{i=1}^{n}g\left(\left\|\frac{x-x_i}{h}\right\|^2\right)}\right] \tag{1-5}$$

假设Mean Shift向量 $M_{h,g}(x)$为

$$M_{h,g}(x)\equiv\left[\frac{\sum_{i=1}^{n}x_ig\left(\left\|\frac{x-x_i}{h}\right\|^2\right)}{\sum_{i=1}^{n}g\left(\left\|\frac{x-x_i}{h}\right\|^2\right)}x\right] \tag{1-6}$$

由此可得

$$\nabla\tilde{f}_k(x)=\frac{1}{nh^{d+2}}\sum_{i=1}^{n}g\left(\left\|\frac{x-x_i}{h}\right\|^2\right)M_{h,g}(x) \tag{1-7}$$

定义核函数 $G(x)$为

$$G(x)=Cg(\|x\|^2) \tag{1-8}$$

有以 $G(x)$为核的核密度估计:

$$\tilde{f}_G(x)=\frac{C}{nh^d}\sum_{i=1}^{n}g\left(\left\|\frac{x-x_i}{h}\right\|^2\right) \tag{1-9}$$

这样可得

$$\nabla\tilde{f}_k(x)=\frac{\nabla\tilde{f}_G(x)}{h^2C}M_{h,g}(x) \tag{1-10}$$

概率密度的梯度可以近似为核密度估计的梯度,为

$$\hat{\nabla}f(x)=\tilde{f}_k(x)=\frac{\tilde{f}_G(x)}{h^2C}M_{h,g}(x) \tag{1-11}$$

由式(1-11)可以看出,Mean Shift 向量 $M_{h,g}(x)$ 是沿着概率密度分布的梯度方向的。定义 $\{y_j, j = 1,2,\cdots\}$ 是一系列的位置,满足

$$y_j = \frac{\sum_{i=1}^{n} x_i g\left(\left\|\frac{y_{j-1} - x_i}{h}\right\|^2\right)}{\sum_{i=1}^{n} g\left(\left\|\frac{y_{j-1} - x_i}{h}\right\|^2\right)}, \quad j = 1,2,\cdots \tag{1-12}$$

由 Mean Shift 向量性质可知,y_j 相对于 y_{j-1} 是沿着分布的梯度方向上升的。可以证明,上述迭代公式收敛的充分必要条件是:Profile 函数 $k(x)$ 是单调递减的凸函数,而且 $g(x) = -k'(x)$。这样,高斯核 $K_N(x)$ 和 Epanechnikov 核 $K_E(x)$ 均满足收敛的充分必要条件。

Mean Shift 的优点如下:

(1)Mean Shift 计算量不大,在目标区域已知的情况下完全可以做到实时跟踪;

(2)作为一个无参数密度估计算法,很容易作为一个模块和别的算法集成;

(3)采用核函数直方图建模,对边缘遮挡、目标旋转、变形和背景运动不敏感。

Mean Shift 的缺点如下:

(1)缺乏必要的模板更新算法;

(2)跟踪过程中窗宽的大小如果保持不变,当目标有尺度变化时,可能跟踪失败;

(3)直方图是一种比较弱的对目标特征的描述,当背景和目标的颜色分布较相似时,算法效果欠佳。

当场景中目标的运动速度很快时,目标区域在相邻两帧间会出现没有重叠的区域的情况,目标这时往往收敛于背景中与目标颜色分布比较相似的物体,而不是场景中的目标。

文献[62]和[63]定义了一系列核函数和权重系数,指出 Mean Shift 的应用领域。

文献[64]把跟踪作为二值化分类问题来处理,通过在线方式训练弱分类器来区别对象特征和背景特征,强分类器用来计算下一帧的信任图,通过 Mean Shift 算法找到信任图的峰值(对象的新位置)。通过不断地训练弱分类器,更新强分类器,使得跟踪器以较低的计算成本取得较好的健壮性。文献[64]能够跟踪各种场景,包括摄像机静止或移动、灰度图像或红外图像和不同尺寸的对象。这个跟踪算法还能处理一些遮挡:分类评分用来检测遮挡;粒子滤波器用来克服遮挡。但是,这个跟踪算法不能处理长时间、大范围的遮挡,另外目前选择的特征空间没有考虑空间信息。

针对非刚性对象,文献[65]提出了新的对象表示和定位方法,基于直方图的对象表示由各向同性的核来规范化,对象的定位问题转化成寻找局部最大兴趣区

的问题。对象模型和对象候选区模型的相似程度由 Bhattacharyya 系数来表示，使用 Mean Shift 来优化。文献[65]能够较好地处理摄像机运动、部分遮挡、混乱和对象尺度变化等问题。但是，它不是针对特定任务的跟踪算法，没有和特定任务的先验知识相结合。

文献[66]提出了基于视觉特征的非刚性对象的实时跟踪算法，它适合各种颜色/纹理模型的对象，对于部分遮挡，摄像机位置变化等都具有健壮性。Mean Shift 迭代用来找到和给定目标模型最相似的目标候选区，其中的相似程度由 Bhattacharyya 系数来表示。

文献[67]提出了一种在 Mean Shift 跟踪框架中嵌入自适应特征选择的方法，根据贝叶斯错误率选择最有决定性的特征，然后建立一个权重图像，使用 Mean Shift 定位被跟踪的对象。但它假定每个被选择特征的贝叶斯错误率服从高斯分布，应用范围受到一定限制。

在基于核的对象跟踪中，模型不变和不佳的尺度自适应性是两个主要的限制因素，文献[68]针对这两个因素，提出了新的基于核的跟踪方法，它把尺度估计和对象模型更新相结合，这种方法不受对象尺度和外表变化的影响。但是，只在手形跟踪中验证了这个方法，缺乏一般性。

为了实现递归的贝叶斯滤波器，文献[69]提出了 Bootstrap 滤波算法，状态向量的密度由一系列随机抽样表示，不需要假设系统是线性的或噪声服从高斯分布。Bootstrap 滤波算法在重要性取样后复制高权值的粒子，抛弃低权值的粒子，重新分配权值并规范化，它克服了早期算法的退化问题，出现了第一个可操作的蒙特卡罗滤波器，即粒子滤波器。

粒子滤波器是一种基于贝叶斯递归推理和蒙特卡罗方法的非线性系统分析工具。粒子滤波器主要包含重要性取样和选择(再取样)。它有两个重要部分组成:动态模型和似然模型。动态模型决定粒子如何在状态空间中传播，似然模型赋予粒子权值，随后和噪声测量相关联。

序贯列重要性取样的基本思想是使用大量具有权值的粒子(样本)近似(逼近)目标状态的后验概率分布，但权值退化问题一直是序贯重要性取样技术的瓶颈。序贯重要性取样方法中存在的权值退化问题，即粒子经过几次迭代之后，会出现其中的一个粒子的规范化权值趋于1，而其他粒子的重要性可忽略不计的现象，导致许多状态更新的轨迹对估计不起任何作用，在浪费大量计算资源的同时降低了粒子滤波器的性能。权值退化的主要原因是重要性权值的方差随时间变化不断增加。因此增加粒子数目可以解决退化问题，但是又使计算量上升，影响算法的实时性。一般粒子的数量由状态方程的维数、先验概率密度函数、重要密度函数的相似度以及迭代次数决定。

再取样方法主要包括 Multinomial 重取样方法[70,71]、Systematic 重取样方法[70-72]和 Residual 重取样方法[70,71,73,74]，采样-重要性重取样[71,75,76]，局部蒙特卡罗重取样[71]。虽然再取样方法能够减少权值退化问题，但再取样方法是在高权值的粒子区域取样，需不断复制大量相同的粒子，因此随着时间的改变，给粒子滤波器带来许多新的问题：再取样以后，模拟的轨迹不再统计独立，因此收敛结果不再有效；再取样使得有较高权重的粒子在统计上被选择很多次，这样算法会失去多样性[71]。

基于扩展卡尔曼滤波的粒子滤波器算法称为扩展粒子滤波器 (Extended Particle Filter，EPF)[77]，文献[77]用扩展粒子滤波器实现了对每个对象速度和位置概率估计的多模分布。基于无迹卡尔曼滤波的粒子滤波器称为无迹粒子滤波器(Unscented Particle Filter，UPF) [78,79]。文献[78]将颜色分布、小波矩(wavelet moment)和 UPF 算法相结合，增加了跟踪算法的准确性，减少了计算的复杂性，可以处理部分遮挡、尺度变化等。文献[79]利用 UPF 框架对声音和视觉进行跟踪。

文献[80]提出了外表引导的粒子滤波，它结合外表和运动转换信息实现了概率传递模型，通过使用预收集的因子在高维状态空间中引导跟踪避免了粒子滤波漂移的影响。但是，贝叶斯网络的因子是根据经验或者在状态空间中均匀分布来选择的，不能适应被跟踪的运动序列的变化。

文献[81]在粒子滤波器中结合了自适应外表模型，实现了基于自适应外表模型的观测模型和基于自适应噪声变化的速度运动模型，粒子数目也是自适应的。自适应的速度模型来源于一级线性预测，这个预测基于观测和以前粒子配置之间的外表差异。这个方法可以对室内室外的视频序列进行有效的跟踪。

文献[82]分析了传统粒子滤波算法计算上的缺点，提出了新的实现方法，它使用 IMHS(Independent Metropolis Hastings Sampler)抽样器，采用管道和并行技术，减少了处理时间，通过解决一系列凸规划来实现对相应参数的选择。

文献[83]提出了针对多目标跟踪的基于概率密度假说的滤波框架，它可以和检测目标对象位置和空间信息的对象检测器结合使用。它提出了新的粒子再抽样策略，可以平滑轨迹，克服短期的遮挡。它能够将由于跟踪对象数目的增加而增加的计算成本从指数级别减少到线性级别。但是它没有和事件检测算法相结合，不能提取出更高级别的信息。

文献[84] 提出了针对多目标跟踪的配置视频和音频传感器的跟踪系统，它使用了基于状态空间方法的粒子滤波器。首先使用估计声音到达方向的滑动窗口来讨论声音状态空间表达式，然后提出了视频状态空间来跟踪目标对象的位置。它结合了个体特征的状态向量，同时提出了时延变量来处理由音频传播延迟引起的音频和视频数据不同步的问题。

文献[85]提出了自适应的Rao-Blackwellized粒子滤波器，使用状态变量之间的从属关系改进了常规粒子滤波器的效率和准确性，它把状态变量分成单独的组，线性部分由卡尔曼滤波器来计算，非线性部分由粒子滤波器来计算，它使用和粒子滤波框架中的每个粒子相关联的卡尔曼滤波器来更新线性变量的分布。但是，当有大量的状态变量时，它不能找到状态变量之间恰当的从属关系模型。

1.7 本书的结构和安排

本书对流媒体技术的研究主要集中在媒体发布、网络传输两个环节，旨在提高流媒体服务的性能，降低内容服务器的处理负载，提高流传输网络的效率，增加系统的并发用户数量。

本书总结了作者在该领域的主要研究成果，提出了以下几种算法：基于自然数分段的流媒体主动预取算法、基于主动预取的流媒体代理服务器缓存算法、基于段流行度的流媒体代理服务器缓存算法、基于交互式段流行度的流媒体代理服务器缓存算法、基于代理缓存的流媒体动态调度算法、基于对等网络的流媒体数据分配算法和基于对等网络的流媒体接纳控制算法。并实现了视频流媒体仿真平台，对上述算法进行了仿真验证和性能分析。

本书对研究过程中取得的主要成果进行了详细阐述。这些创新工作简要归纳如下：

(1)提出了一种基于代理缓存的流媒体动态调度算法DS^2AMPC，由代理服务器通过单播连接从源服务器中获取流媒体数据，然后通过组播方式转发给客户端，同时根据当前客户请求到达的分布状况，代理服务器为后续到达的客户请求进行补丁预取及缓存。对于客户请求到达速率的变化，该算法具有更好的适应性，在最大缓存空间相同的情况下，能显著减少通过补丁通道传输的补丁数据，从而降低了服务器和骨干网络带宽的使用，能快速缓存媒体对象到缓存窗口，同时减少了代理服务器的缓存平均占有量。

(2)提出了一种基于段流行度的流媒体代理服务器缓存算法P^2CAS^2M，定义了非交互式媒体对象段流行度，根据流媒体文件段的流行度，实现了代理服务器缓存的分配和替换，使流媒体对象在代理服务器中缓存的数据量和其流行度成正比，并且根据客户平均访问时间动态决定该对象缓存窗口大小。对于代理服务器缓存大小的变化，该算法具有较好的适应性，在缓存空间相同的情况下，能够得到更大的被缓存流媒体对象的平均数，更小的被延迟的初始请求率，降低了启动延时。

(3)针对流媒体质量要求较高的用户，提出了基于自然数分段的流媒体主动预取算法和基于主动预取的流媒体代理服务器缓存算法 P^2CA^2SM，代理服务器在向用户传送已被缓存的部分媒体对象的同时，提前预取未被缓存的数据，实现了代理服务器缓存的分配和替换算法；分析了代理服务器预取点的位置和代理服务器为此所需要的最小缓存空间。提高了流媒体传送质量，减少了播放抖动，在缓存空间相同的情况下，自然数分段方法和主动预取算法具有较好的性能。

(4)针对交互式流媒体的特点，提出了基于交互式段流行度的流媒体代理服务器缓存算法 P^2CAS^2IM，定义了交互式媒体对象段流行度，根据媒体对象段流行度，实现了代理服务器缓存的分配和替换，使流媒体对象的段在代理服务器中缓存的数据量和其流行度成正比，对于代理服务器缓存大小的变化，该算法在不同的用户请求模式和交互强度下，可以提供较好的性能，尤其适于交互强度较高的用户请求。

(5)提出了基于对等网络的流媒体数据分配算法 DA^2SM_{P2P} 和接纳控制算法 A^2CSM_{P2P}，针对不同节点有不同的入口带宽和出口带宽，优先选择贡献率大的请求节点。可根据网络环境的变化动态调整数据分配，可以取得较好性能。

(6)提出了一种基于预测目标位置特征、运动连续性特征和颜色特征的多线索融合算法，实现方法用于解决前景与背景颜色相似的情况。

(7)提出了一种基于视觉注意和多线索融合的人体运动视觉跟踪算法，利用视觉注意机制选择易于跟踪的辅助物，以颜色特征、预测目标位置特征和运动连续性特征来确定目标和辅助物的位置。

(8)实现了相似颜色背景干扰、运动目标被遮挡、运动目标越界、视频颜色饱和度不足等多种复杂环境下的人体运动视觉跟踪算法，检验了上述算法的有效性。

参考文献

[1] 李向阳，卞德森. 流媒体及其应用技术. 现代电视技术，2002,4：18-27.

[2] 李睿，曾德贤. 流媒体关键技术与面临的问题. 现代电视技术，2005,5：92-95.

[3] 白慧香. 流媒体技术及其教育应用. 机械管理开发，2006，5(5)：147-150.

[4] Wu D, Hou Y T, Zhu W, et al. Streaming video over the Internet：approaches and directions. IEEE Transactions on Circuits and Systems for Video Technology，2001，11(3)：282-300.

[5] 通信标准目录. http://www.ccsa.org.cn，http://www.ptsn.net.cn/standard.

[6] 通信标准与质量信息网. http://www.lib.bupt.edu.cn.

[7] AVS标准工作简况与进展. http://www.avs.org.cn. 2007.

[8] 王素平. 中国电信推出“新视通”. 人民邮电报，2000.

[9] 高楠. 体验“互联”精彩,感受“星空”光芒. http://www.chinatelecom.com.cn. 2003.
[10] China Unicom. 中国联通“宝视通”宽带视讯业务. 中国数据通信, 2004,3: 82-84.
[11] ChinaCache. 流媒体加速解决方案. http://www.chinacache.com. 2005.
[12] Wang L, Hu W M, Tan T N. Recent developments in human motion analysis. Pattern Recognition, 2003, 36(3): 585-601.
[13] Chen C Y, Wang J C, Wang J F. Efficient news video querying and browsing based on distributed news video servers. IEEE Transactions on Multimedia, 2006, 8(2): 257-269.
[14] Yilmaz P, Javed O, Shah M. Object tracking: a survey. ACM Computing Surveys (CSUR), 2006, 38(4): 1-45.
[15] Hu W M, Tan T N , Wang L, et al. A survey on visual surveillance of object motion and behaviors. IEEE Transactions on Systems, Man, and Cybernetics, Part C: Applications and Reviews, 2004, 34(3): 334-352.
[16] http://www.tiandy.com/minglu.asp[2010-06].
[17] http://www.autoblog.com/photos/mercedes-benz-autopilot/#2985822[2010-06].
[18] http://asimo.honda.com/[2010-06].
[19] http://en.wikipedia.org/wiki/Virtual_reality[2010-06].
[20] Hariharakrishnan K, Schonfeld D. Fast object tracking using adaptive block matching. IEEE Transactions on Multimedia, 2005, 7(5):853-859.
[21] Li S, Lee M C. Fast visual tracking using motion saliency in video. IEEE International Conference on Acoustics, Speech and Signal Processing, 2007, 1: 1073-1076.
[22] Wren C R, Azarbayejani A, Darrell T, et al. Pfinder: real-time tracking of the human body. IEEE Transactions on Pattern Analysis and Machine Intelligence, 1997, 19(7): 780-785.
[23] Yuan X T, Yang S T, Zhu H W. Region tracking via HMMF in joint feature-spatial space. IEEE Workshop on Motion and Video Computing, 2005, 2: 72-77.
[24] Nickels K, Hutchinson S. Model-based tracking of complex articulated objects. IEEE Transactions on Robotics and Automation, 2001, 17(1): 28-36.
[25] Lin W C , Liu Y X. A lattice-based MRF model for dynamic near-regular texture tracking. IEEE Transactions on Pattern Analysis and Machine Intelligence, 2007, 29(5): 777-792.
[26] Jang D, Choi H. Moving object tracking using active models. International Conference on Image Processing, 1998, 3: 648-652.
[27] Zhen W, Huang T S. Enhanced 3D geometric-model-based face tracking in low resolution with appearance model. IEEE International Conference on Image Processing, 2005, 2: 350-353.
[28] Dockstader S L, Tekalp A M. Multi-view spatial integration and tracking with Bayesian networks. International Conference on Image Processing, 2001, 1: 630-633.
[29] Wu W, Chen X L, Yang J. Detection of text on road signs from video. IEEE Transactions on Intelligent Transportation Systems, 2005, 6(4):378-390.

[30] Saeedi P, Lawrence P D, Lowe D G. Vision-based 3-D trajectory tracking for unknown environments. IEEE Transactions on Robotics, 2006, 22(1): 119-136.

[31] Chen Z C, Birchfield S T. Person following with a mobile robot using binocular feature-based tracking. IEEE/RSJ International Conference on Intelligent Robots and Systems, 2007: 815-820.

[32] 李培华,张田文. 主动轮廓线模型(蛇模型)综述. 软件学报, 2000, 11(6): 751-757.

[33] 史立, 张兆扬, 马然. 基于运动跟踪匹配技术的视频对象提取. 通信学报, 2001,22(11): 77-85.

[34] Niethammer M, Tannenbaum A, Angenent S. Dynamic active contours for visual tracking. IEEE Transactions on Automatic Control,2006, 51(4): 562-579.

[35] Kass M, Witkin A, Terzopoulus D. Snakes: active contour models. International Journal of Computer Vision, 1987, 1: 321-331.

[36] Chan M T. Automatic lip model extraction for constrained contour-based tracking //International Conference on Image Processing,1999, 2: 848-851.

[37] Peterfreund N. Robust tracking of position and velocity with Kalman snakes. IEEE Transactions on Pattern Analysis and Machine Intelligence, 1999, 21(6): 564-569.

[38] Tang J S, Acton S T. Boundary tracking for intravital microscopy via multiscale gradient vector flow snakes. IEEE Transactions on Biomedical Engineering, 2004, 51(2): 316-324.

[39] Schoepflin T, Chalana V, Haynor D R, et al. Video object tracking with a sequential hierarchy of template deformations. IEEE Transactions on Circuits and Systems for Video Technology, 2001, 11(11): 1171-1182.

[40] Fu Y, Erdem A T, Tekalp A M . Tracking visible boundary of objects using occlusion adaptive motion snake. IEEE Transactions on Image Processing. 2000, 9(12): 2051-2060.

[41] Guyader C L, Vese L A. Self-repelling snakes for topology-preserving segmentation models. IEEE Transactions on Image Processing, 2008, 17(5): 767-779.

[42] Ozertem U, Erdogmus D. Nonparametric snakes. IEEE Transactions on Image Processing, 2007, 16(9): 2361-2368.

[43] Ozertem U, Erdogmus D. A nonparametric approach for active contours. International Joint Conference on Neural Networks, 2007:1407-1410.

[44] Abd-Almageed W, Smith C E, Ramadan S. Kernel snakes: non-parametric active contour models. IEEE International Conference on Systems, Man and Cybernetics, 2003, 1: 240-244.

[45] Leroy B, Herlin I, Cohen L D. Multiresolution algorithms for active contour models. 12th International Conference on Analysis and Optimization System, 1996:58-65.

[46] Cohen L D, Cohen I. Finite element methods for active contour models and balloons for 2D and 3D images. IEEE Transactions on Pattern Analysis and Machine Intelligence, 1993, 15(11): 1137-1147.

[47] Abrantes A J, Marques J S. A class of constrained clustering algorithms for object boundary extraction. IEEE Transactions on Image Process, 1996, 5(11): 1507-1521.

[48] Davatzikos C, Prince J L. An active contour model for mapping the cortex. IEEE Transactions on Medical Imaging, 1995, 14(1): 65-80.

[49] Cohen L D. On active contour models and balloons. CVGIP: Image Understand, 1991, 53:211-218.

[50] Xu C, Prince P L. Snakes, shapes and gradient vector flow. IEEE Transactions on Image Process, 1998, 7(3): 359-369.

[51] Kalman R E. A new approach to linear filtering and prediction problems. Journal of Basic Engineering (ASME), 1960, 82:35-45.

[52] Antoniou C, Moshe B A, Koutsopoulos H N. On-line calibration of traffic prediction models. IEEE Intelligent Transportation Systems Conference, 2004: 82-87.

[53] Antoniou C, Ben-Akiva M, Koutsopoulos H N . Nonlinear Kalman filtering algorithms for on-line calibration of dynamic traffic assignment models. IEEE Transactions on Intelligent Transportation Systems, 2007, 8(4): 661-670.

[54] Schlosser M S, Kroschel K. Limits in tracking with extended Kalman filters. IEEE Transactions on Aerospace and Electronic Systems, 2004, 40(4): 1351-1359.

[55] Bittanti S, Savaresi S M. On the parametrization and design of an extended Kalman filter frequency tracker. IEEE Transactions on Automatic Control, 2000, 45(9): 1718-1724.

[56] Perala T, Piche R. Robust extended Kalman filtering in hybrid positioning applications. 4th Workshop on Positioning, Navigation and Communication, 2007: 55-63.

[57] Wu X D, Jiang X H, Zheng R J, et al. An application of unscented Kalman filter for pose and motion estimation based on monocular vision. IEEE International Symposium on Industrial Electronics, 2006, 4:2614-2619.

[58] Jiang Z, Song Q, He Y Q, et al. A novel adaptive unscented Kalman filter for nonlinear estimation. IEEE Conference on Decision and Control, 2007: 4293-4298.

[59] Akin B, Orguner U, Ersak A. State estimation of induction motor using unscented Kalman filter. IEEE Conference on Control Applications 2003, 2: 915-919.

[60] Vidal F B, Alcalde V H C. Window-matching techniques with Kalman filtering for an improved object visual tracking. IEEE International Conference on Automation Science and Engineering, 2007: 829-834.

[61] 张林. 基于视觉注意机制的复杂场景人体目标跟踪. 北京:北京大学, 2008.

[62] Comaniciu D, Meer P. Mean shift analysis and applications. The Proceedings of the Seventh IEEE International Conference on Computer Vision, 1999, 2:1197-1203.

[63] Cheng Y Z. Mean shift, mode seeking and clustering. IEEE transactions on pattern analysis and machine intelligence, 1995, 17(8): 790-799.

[64] Avidan S. Ensemble tracking . IEEE Transactions on Pattern Analysis and Machine Intelligence, 2007, 29(2): 261-271.

[65] Comaniciu D, Ramesh V, Meer P. Kernel-based object tracking. IEEE Transactions on Pattern Analysis and Machine Intelligence, 2003, 25(5): 564-577.

[66] Comaniciu D, Ramesh V, Meer P. Real-time tracking of non-rigid objects using mean shift. IEEE Conference on Computer Vision and Pattern Recognition, 2000, 2: 142-149.

[67] Liang D W, Huang Q M, Jiang S Q, et al. Mean-shift blob tracking with adaptive feature selection and scale adaptation. IEEE International Conference on Image Processing, 2007, 3: 369-372.

[68] Yao A B, Wang G J, Lin X G, et al. Kernel based articulated object tracking with scale adaptation and model update. IEEE International Conference on Acoustics, Speech and Signal Processing, 2008: 945-948.

[69] Gordon N J, Salmond D J, Smith A F M. Novel approach to nonlinear/non-gaussian bayesian state estimation. IEEE Proceedings F Radar and Signal Processing, 1993, 140 (2): 107-113.

[70] Chen Z. Bayesian filtering: from Kalman filters to particle filters, and beyond. manuscript. http://www.math.u-bordeaux1.fr/~delmoral/chen_bayesian.pdf.

[71] Douc R, Cappe O. Comparison of resampling schemes for particle filtering //Proceedings of the 4th International Symposium on Image and Signal Processing and Analysis, 2005: 64-69.

[72] Hol J D, Schon T B, Gustafsson F. On resampling algorithms for particle filters. IEEE Nonlinear Statistical Signal Processing Workshop, 2006:79-82.

[73] Hong S J, Djuric P M. High-throughput scalable parallel resampling mechanism for effective redistribution of particles. IEEE Transactions on Signal Processing, 2006, 54(3): 1144-1155.

[74] Hong S J , Bolic M, Djuric P M. An efficient fixed-point implementation of residual resampling scheme for high-speed particle filters. IEEE Signal Processing Letters, 2004, 11 (5): 482-485.

[75] Heine K. Unified framework for sampling/importance resampling algorithms. 8th International Conference on Information Fusion, 2005, 2:1459-1464.

[76] Bolic M, Djuric P M, Hong S J . Resampling algorithms and architectures for distributed particle filters. IEEE Transactions on Signal Processing, 2005, 53(7): 2442-2450.

[77] Marron M, Garcia J C, Sotelo M A, et al. "XPFCP": an extended particle filter for tracking multiple and dynamic objects in complex environments. IEEE/RSJ International Conference on Intelligent Robots and Systems, 2005:2474-2479.

[78] Li J, Yu H, Zhou L L. et al. An adaptive unscented particle filter tracking algorithm based on color distribution and wavelet moment. Industrial 2nd IEEE Conference on Electronics and Applications, 2007:2218-2223.

[79] Rui Y, Chen Y Q . Better proposal distributions: object tracking using unscented particle filter. IEEE Computer Society Conference on Computer Vision and Pattern Recognition, 2001, 2: 786-793.

[80] Chang W Y, Chen C S, Jian Y D. Visual tracking in high-dimensional state space by appearance-guided particle filtering. IEEE Transactions on Image Processing, 2008, 17(7): 1154-1167.

[81] Shaohua K Z, Chellappa R, Moghaddam B. Visual tracking and recognition using appearance-adaptive models in particle filters. IEEE Transactions on Image Processing, 2004, 13(11): 1491-1506.

[82] Sankaranarayanan A C, Srivastava A, Chellappa R. Algorithmic and architectural optimizations for computationally efficient particle filtering. IEEE Transactions on Image Processing, 2008, 17(5): 737-748.

[83] Maggio E E, Taj M M, Cavallaro A A. Efficient multi-target visual tracking using random finite sets. IEEE Transactions on Circuits and Systems for Video Technology, 2008: 1-11.

[84] Cevher V, Sankaranarayanan A C, McClellan J H, et al. Target tracking using a joint acoustic video system. IEEE Transactions on Multimedia, 2007, 9(4): 715-727.

[85] Xu X Y, Li B X. Adaptive Rao-Blackwellized particle filter and its evaluation for tracking in surveillance. IEEE Transactions on Image Processing,2007, 16(3): 838-849.

第2章　流媒体传输和视觉跟踪基础

流媒体(streaming media)技术是一种在线的视频回放技术，视频流允许用户一边下载一边观看、收听，使用实时的缓存。和下载后播放的传统方式不同，流媒体的主要特点就是运用可变带宽技术，以“流”(stream)的形式进行数字媒体的传送，使人们在28K～1200Kbit/s的带宽环境下就可以在线欣赏到连续不断的高品质的音频和视频节目。

流式传输方式具有以下优点。

(1)节约网络资源，提高网络带宽利用率。

(2)对服务终端要求降低，节约用户端的存储空间。可以在PDA、支持流媒体的手机和带网络接口的电视机上享受流媒体服务。虽然流式传输仍需要缓存，但不需要把所有的动画、视频或音频内容都下载到缓存中。

(3)服务更合理。由于启动延时大幅度缩短，用户不用等待所有内容下载到硬盘就可以开始浏览，对不满意的节目可以立即中断。

(4)服务方式灵活。用户可以自己定制所需质量的服务，服务质量和网络带宽对应。

(5)服务质量高。流式传输采用RTSP等特定的实时传输协议，更加适合视频或音频在网上的流式实时传输，可最大限度地改善网络传输对服务质量的影响。

2.1　流媒体系统的分类

2.1.1　传统的流媒体

在流媒体发展中，出现了单一/集群服务器、广置服务器、全网广播等传输方法，都不适合于运营商级别的流媒体服务[1]。单一/集群媒体服务器有着致命的缺点。

(1) 每一个请求都是一个端到端的连接，对中心服务器性能和互联网骨干要求都很高。服务提供商只有采用集群服务器提高服务质量，带来的却是指数级上升的运营成本。

(2) 对用户的响应速度慢、传输延迟大，用户无法享受流媒体的优秀特征。跨越Internet所进行的网络传输很难保证质量。

(3) 互联网在不断发展,为改善用户访问性能,整个系统随时面临网络和系统的可扩充性问题。在网络规划和建设初期就需要为满足少数用户的需求预留大量带宽。

部分服务提供商面对压力,采取广置媒体服务器方式,在服务需求集中的互联网节点中安放自己的媒体服务器,同样有许多缺点。

(1) 大量的服务器投资非常昂贵。

(2) 没有专门的方法控制源内容服务器和各节点媒体服务器之间内容同步。

(3) 对应不同格式的媒体服务都需要建立同样的服务系统,成本太高。

随着千兆位、十吉位的高速路由器和交换机的出现,也有部分运营商采用 IP 广播的方式进行媒体内容的发布。但是广播方式本身也有技术弱点。

(1) 广播方式预先制订的节目单和节目库不能满足自由沟通的需要。

(2) 网络资源的配置比例受到限制。

(3) Internet 对广播的限制使得媒体内容不能作跨网多播路由。

(4) 内容在传送时缺乏保安机制,不适合内容运营服务的开展。

(5) 既不可以限制内容传送至特定用户,也没有端对端内容管理方案。

(6) 系统不能配合计费系统。

2.1.2 基于 CDN 的流媒体系统

在基于 CDN(Content Distributed Network)的流媒体系统中,流媒体服务器和流媒体代理服务器是提供流服务的关键平台,是流媒体系统的核心设备。流媒体服务器一般处于 IP 核心网中,用于存放流媒体文件,响应用户请求并向终端发送流媒体数据。流媒体代理服务器位于网络的边缘,靠近用户,使客户能从位于本地的缓存代理服务器上获取流媒体内容。从流媒体服务器角度来说,代理服务器是终端;从用户角度来说,代理服务器是服务器。流媒体代理服务器一端支持用户,一端连接流媒体服务器。从流媒体代理服务器到客户端是最短的网络路径,这意味着能减少网络故障,缓解带宽瓶颈。当部分流媒体已经缓存于代理服务器时,这部分流媒体可以直接从代理服务器以组播方式发到用户,不用再从远端的流媒体服务器提取,从而提高了用户访问的性能,并减轻骨干网络流量,同时也增加了系统容量。

为了减轻流媒体源服务器和终端的负载,节省主干网络的带宽,应在代理缓存中实现如下情形:对于特别流行的媒体对象应该尽量缓存其所有的数据,使得代理可以尽量独立地服务于请求的用户;对于比较流行的媒体对象应该缓存大部分数据,这样,源服务器只需要提供剩余部分就可以满足客户要求;对于最不流行的对象,只要缓存媒体对象开始部分(前缀部分),使得流媒体在代理中缓存的数据量尽可能与流媒体流行度成正比关系。

CDN 可以提高 Internet 网络中信息流动的效率，提高服务安全性和可用性。从技术上全面解决由于网络带宽小、用户访问量大、网点分布不均等造成的性能低下问题，提高用户访问网站的响应速度。CDN 具备如下优点：①CDN 可以减少对骨干带宽的消耗，对用户的每次服务不再需要跨越 Internet 访问源服务器；②充分发挥用户接入端带宽优势，CDN 设备就安放在用户接入交换机前；③提升网站响应速度，提高用户访问质量；④节约网络宽带服务运营成本，吸引更多的服务提供商。

2.1.3　基于 P2P 技术的流媒体系统

“Peer”在英语里有“对等者”和“伙伴”的意义。因此，从字面上讲，P2P 可以理解为对等互联网。国内的媒体一般将 P2P(Peer to Peer)翻译成“点对点”或者“端对端”，学术界则统一称为对等网络。P2P 可以定义为：网络的参与者共享他们所拥有的一部分硬件资源(处理能力、存储能力、网络连接能力、打印机等)，这些共享资源通过网络提供服务和内容，能被其他对等节点(peer)直接访问而无需经过中间实体。在此网络中的参与者既是资源(服务和内容)提供者(server)，又是资源获取者(client)。

客观地说，这种计算模式并不是什么新技术，而是旧有技术新的应用模式，自从 20 世纪 70 年代网络产生以来就存在了，只不过当时的 PC 性能、网络带宽和传播速度限制了这种计算模式的发展，后来开发的架构与 TCP/IP 协议之上的网络应用软件大多采用了 C/S(Client/Server)结构。20 世纪 90 年代末，随着高速互联网的普及、个人计算机计算和存储能力的提升，人们对资源共享的需求日渐强烈，P2P 技术[2,3]得到了飞速发展，它又重新登上历史舞台并且带来了一场技术上的革命，成为 Internet 中活跃的技术。各种基于对等网络的应用风起云涌，当前，P2P 协议产生的 Internet 流量已经超过 HTTP 协议，许多基于 P2P 技术的应用应运而生，给人们的生活带来了极大的便利。P2P 技术对目前广泛应用的基于 C/S 模式的互联网基本构架、用户的使用习惯、企业的运作方式、系统的安全相关法律等诸多方面都提出了全新的挑战。

P2P 的基本思想是充分利用网络上分布在不同地理位置上的计算机资源，采用分布式计算模式来为网络上的用户提供各种服务，P2P 网络中没有高度集中的服务器，网络的每个节点既可以作为客户接收其他节点的服务，也可以作为服务器向其他节点提供服务。基于 P2P 的流媒体系统也是借助这种思想进行流媒体内容的分发[4,5]，其目标是充分利用多客户机的空闲资源，构建一个成本低、扩展性好，并有一定 QoS 保证的流媒体分发系统。同时新的流媒体文件必须要分布到足够多的节点以后才能正常提供服务，其中的管理也是非常复杂的。

P2P 系统分成三类[6]：① 集中式的 P2P 系统[7]，系统中有一个中心目录服务器，请求节点向这个中心目录服务器发送查询信息，以便查找到拥有被请求文件的提供节点，这种结构的 P2P 系统不容易扩展且存在单点失效的问题，例如，中心目录服务器失效，则影响整个 P2P 系统。②分散有结构式的 P2P 系统[8-12]，系统中没有中心目录服务器，但有一定的控制，P2P 网络的拓扑结构受到紧密的限制，文件也被放置在特定的位置，可以很容易查询到这个文件。在松散式的结构系统中，文件的放置是根据线索的；在紧密式的结构系统中，P2P 系统的结构和文件的放置位置都被严格地设计，它们支持类似哈希表式的接口。③分散无结构式的 P2P 系统[13-16]，系统中既没有中心目录服务器也没有控制网络结构和文件的放置，网络由遵从松散规则的节点连接而成，最典型的查询方法是泛洪，查询在一定的半径里被复制，这种无结构的设计使得节点的进入和退出都非常随意，但是这种查询方法会产生特别大的网络负担，这种 P2P 系统也是今天 Internet 中使用最广泛的[17]。

P2P 技术的特点体现在以下几个方面。

(1) 非中心化。网络中的资源和服务分散在所有节点上，信息的传输和服务的实现都直接在节点之间进行，无需中间环节和服务器的介入，避免了可能的瓶颈。P2P 的非中心化的基本特点，带来了其在可扩展性、健壮性等方面的优势。

(2) 可扩展性。在 P2P 网络中，随着用户的加入，不仅服务的需求增加了，系统整体的资源和服务能力也在同步地扩充，始终能比较容易地满足用户的需要。理论上其可扩展性几乎可以认为是无限的。例如，通过 FTP 协议下载文件，当下载用户增加之后，下载速度会变得越来越慢。P2P 网络正好相反，加入的用户越多，P2P 网络中提供的资源就越多，下载的速度反而越快。

(3) 健壮性。P2P 架构天生具有耐攻击、高容错的优点。由于服务是分散在各个节点之间进行的，部分节点或网络遭到破坏对其他部分的影响很小。P2P 网络一般在部分节点失效时能够自动调整整体拓扑，保持其他节点的连通性。P2P 网络通常都是以自组织的方式建立起来的，并允许节点自由地加入和离开。

(4) 高性价比。性能优势是 P2P 被广泛关注的一个重要原因。随着硬件技术的发展，个人计算机的计算和存储能力以及网络带宽等性能依照摩尔定律高速增长。采用 P2P 架构可以有效地利用互联网中散布的大量普通节点，将计算任务或存储资料分布到所有节点上。利用其中闲置的计算能力或存储空间，达到高性能计算和海量存储的目的。目前，P2P 在这方面的应用多在学术研究方面，一旦技术成熟，能够在工业领域推广，则可以为许多企业节省购买大型服务器的成本。

(5) 隐私保护。在 P2P 网络中，由于信息的传输分散在各节点之间进行而无需经过某个集中环节，用户的隐私信息被窃听和泄漏的可能性大大缩小。此外，目前解决 Internet 隐私问题主要采用中继转发的技术方法，从而将通信的参与者隐藏在众多的网络实体之中。在传统的一些匿名通信系统中，实现这一机制依赖于某些中继服务器节点。而在 P2P 中，所有参与者都可以提供中继转发的功能，因而大大提高了匿名通信的灵活性和可靠性，能够为用户提供更好的隐私保护。

(6) 负载均衡。P2P 网络环境下，由于每个节点既是服务器又是客户机，减少了对传统 C/S 结构服务器计算能力、存储能力的要求，同时因为资源分布在多个节点，更好地实现了整个网络的负载均衡。

与传统的分布式系统相比，P2P 技术具有无可比拟的优势。同时，P2P 技术具有广阔的应用前景。目前，Internet 上各种 P2P 应用软件层出不穷，用户数量急剧增加。据统计，自 2001 年以来，P2P 软件的用户使用数量从几十万、几百万到上千万急剧增加，给 Internet 带宽带来巨大冲击，在全球最大的开源网站 Sourceforge 的下载排名中，前十名中有七个项目是基于 P2P 技术的。其中，eMule 的下载量超过 2 亿次，Azureus 的下载量超过 1 亿次。这个网站上的工程项目下载量，往往反映当今软件技术的前沿热点。令人瞩目的是，微软公司在操作系统 Windows Vista 中也加入了 P2P 技术，以加强协作和应用程序之间的通信。

正是由于这些原因，基于 P2P 技术的流媒体系统逐步引起了研究者的重视。根据源节点提供数据的方式，基于 P2P 技术的流媒体系统可分为两种。

(1) 单源的 P2P 流媒体系统建立在应用层组播技术的基础上，由一个发送者向多个接收者发送数据，接收者有且只有一个数据源。服务器和所有客户节点组织成组播树，组播树的中间节点接收来自父节点组播的媒体数据，同时将数据以组播的方式传送给其子节点。SplitStream 系统[18]就是这种情况。

(2) 多源的 P2P 流媒体系统是由多个发送者以单播的方式同时向一个接收者发送媒体数据。在这种方式下，单个发送者提供的上行带宽不足以支持一个完整的媒体流正常回放时所需要的带宽。如果将若干发送者的能力聚合在一起，使得其上行带宽的总和大于或者等于所需要的带宽，就能提供正常的流媒体服务。这种方式适合性能较低的节点，如手机等。由于发送者和接收者是多对一的关系，节点之间的协作更加紧密。PROMISE 系统[19]就是这种情况。

2.2 流媒体调度算法

当大量用户同时访问 VoD 系统时，可将访问同一节目的用户合并在一起，通过组播或者广播通道传输媒体流，从而节约视频服务器 I/O 和网络带宽，这种合并用户的思想，正是流媒体调度技术的基础。

目前，典型的流媒体调度算法分两类：静态调度算法和动态调度算法。一般而言，静态调度算法采用服务器推模式，而动态调度算法则采用客户拉模式。服务器推模式是指视频服务器不考虑用户动态行为而调度媒体流；客户拉模式是指媒体流的调度首先由用户请求驱动，视频服务器根据一定调度算法响应用户请求。

静态调度算法包括周期广播、金字塔算法[20]、摩天大楼算法[21]等，它们都是把每个节目化分成若干分段，再通过组播通道循环播放每个分段，这些算法的区别是针对用户启动延迟和缓冲区大小而采用了不同的分段方式。

静态调度算法的优点[22]：

(1)结构简单，不受用户动态行为的影响；

(2)公平性高，对于不同用户而言，系统提供的服务性能相似；

(3)对用户访问频率不敏感，每个用户的性能并不随总用户数的增加而下降。

静态调度算法的缺点：

(1)为用户提供的服务质量不高，尤其是用户启动延迟过长；

(2)不支持用户交互操作。

动态调度算法包括 Batching 算法[23]、客户端缓冲算法、Adaptive Piggybacking 算法[24]、前向调度算法、SMP(Split and Merge Protocol)算法[25]以及补丁算法，这些算法各有其不同的适用范围。

Batching 算法将不同用户的请求绑定于一个组播流中，以增加用户等待时间作为代价来提高系统资源利用率。Adaptive Piggybacking 算法动态地调整媒体流的播放速率，使用户追赶或者等待组播流，再并入组播流，这影响了用户对媒体节目的收看效果。SMP 算法提供了对 VCR 操作的支持，但算法效率不高。补丁算法结合 Batching 算法和用户缓存算法的优点，用户利用本地缓存同时接收两条或者多条媒体流，可实现无延迟的服务，同时尽可能地用组播流合并用户，使系统维持较高的效率。

动态调度算法的优点如下：

(1) 用户启动延迟小，由于系统实时响应用户请求，动态调度算法可实现启动延迟为 0 的服务；

(2) 支持用户 VCR 操作。

一般而言，该算法结构较复杂。另外，动态调度算法比静态调度算法公平性差，特别是在用户访问频率过高，使系统服务达到饱和状态以后，系统性能随新用户的增加而显著下降。

2.3　代理服务器缓存算法

近年来，随着流媒体技术在Internet环境中的高速发展，对代理服务器的研究也逐步深入，其中，代理服务器缓存分配算法和缓存替换算法是管理缓存的主要手段，也是决定代理服务器性能的核心因素。其中，缓存分配算法决定哪些媒体对象的哪些部分被缓存到代理服务器中；当代理服务器没有足够空间存储新的媒体对象时，缓存替换算法决定哪些缓存单元以及多少缓存单元被清除，以释放足够的空间。

一个理想的流媒体代理服务器缓存系统应具有以下特性。

(1)快捷性。缓存系统应该能够有效地降低客户的访问延迟，这是缓存系统的根本目的。

(2)鲁棒性。鲁棒性意味流媒体服务随时可用。

(3)透明性。缓存系统对客户应是透明的，客户得到的结果仅是快速的响应和良好的可用性。

(4)高效性。缓存系统给网络带来的开销越小越好。

(5)稳定性。缓存系统采用的方案不应给网络带来不稳定。

(6)简单性。简单的方案更加容易实现且易被普遍接受，一个理想的缓存方案配置起来应简单易行。

2.4　流媒体预取算法

将整个文件都缓存而且保持和源服务器一致，这种方法很适合文本和图像文件，但是对于视频和音频媒体文件，缓存整个文件并不适合。在代理缓存有限的情况下，不可能对所有的流媒体对象都进行整体缓存。目前代理服务器一般对媒体对象进行部分缓存，尤其要缓存访问频率高的媒体对象，这样可以显著减轻网络和服务器负载。内容预取是指代理如何决定从服务器或其他代理处进行内容预取以减少客户的访问延迟。

基于分段的代理缓存系统只是把媒体对象部分缓存到代理服务器中，这样当用户向代理服务器请求某个媒体对象时，代理就需要及时从媒体服务器取得这个媒体对象中没有被缓存的段，如果未被缓存到代理服务器中的段被延迟取得，即发生代理服务器抖动，在用户端显示为播放抖动，不能连续播放被请求的媒体对象，如果频繁地发生播放抖动，用户很可能放弃访问该媒体对象，而解决这个问题的有效方法之一就是代理服务器采用主动预取算法。

预取算法是指代理服务器在向用户传送已被缓存的数据的同时，提前预取未被缓存的数据，从而提高流媒体传送质量，减少播放抖动。文献[26]提出了基于代理服务器协助的补丁预取与服务调度算法，由代理服务器通过单播连接从源服务器中获取流媒体数据，然后通过组播方式转发给客户端，同时根据当前客户请求到达的分布状况，代理服务器为后续到达的客户请求进行补丁预取及缓存。但是该算法只是主动预取补丁数据，不能有效地避免代理服务器抖动，即用户端表现为播放抖动。文献[27]针对相同分段方法和指数分段方法提出了预取算法，减少了代理服务器抖动，但是，它没有处理好预取所获得的性能和付出成本之间的关系。

为了避免抖动发生，代理服务器应该尽可能早、尽可能多地预取没有被缓存的流媒体段，但这样会增加网络额外流量和代理服务器的缓存空间。另外，用户有可能在预取段被访问以前放弃访问该媒体对象。为了避免浪费，又要求代理服务器尽可能晚、尽可能少地预取没有被缓存的流媒体段。这样代理服务器预取点的位置选择尤其重要，它也决定了代理服务器为此所需要的最小缓存空间。

2.5　流媒体数据分配算法

在 P2P 网络中，数据分配算法主要针对多发送方/单接收方的模式，研究如何在不同发送/接收对之间对数据进行优化分配。按照分配调度粒度，数据分配算法可分两种：基于数据包的细粒度调度和基于数据层的粗粒度调度。

在细粒度调度中，文献[28]提出了基于 TCP-friendly 带宽测试的数据分配算法，确保每个数据包仅被一个发送节点发送，同时使数据包的丢失和延迟最小。文献[29]提出了以 FEC(Forward Error Correction)编码为基础的数据分配算法，减少了数据包在突发丢包网络环境下的丢失率。文献[30]提出了基于网络拓扑发现的 P2P 流媒体服务体系，考虑了多对单传输模式下可能出现的共享瓶颈网络带宽对接收方的影响。文献[31]提出了自适应的分层 P2P 流媒体框架，它结合网络的状态和接收方分层缓冲区的状态，引入滑动窗口，在各个发送方之间进行数据分配，以平滑接收方的服务质量。

在粗粒度调度中，文献[32]分别针对分层编码速率同构和异构两种情况提出两种算法：不限制数据供应节点数目前提下的数据分层算法；限制数据供应节点数目前提下的数据分层算法。

2.6　流媒体接纳控制算法

在 P2P 网络中，接纳控制算法是对请求流媒体对象的全部节点进行区别对待,并根据实际情况给予不同的优先级,使得当请求节点被服务完成为服务节点时,整个流媒体系统能够取得较好的性能。

目前已经有很多学者研究接纳控制算法[33-35],文献[33]提出了基于成本和资源预留的接纳控制算法,将"奖金"和"罚款"引入到成本策略中,根据成本策略,资源能够被预留给不同类型的请求,使得整个系统能够获得最大的奖金,但它考虑的是视频对象、图片和文本的接纳,而不专门针对各种视频对象。文献[34]提出了统计接纳控制算法,满足了对流媒体服务器磁盘 I/O 请求的调度,提出了三个任意变量模型,但它只是针对单一流媒体服务器,而不是从整个网络的角度考虑问题。为了提高公平性,当没有足够的带宽时,文献[35]使用缓存来保存访问请求,如果一个请求到达时没有足够带宽,而这时缓存是空的,这个访问请求被允许进入缓存,可以一直等待直到有足够带宽,然后这个访问请求被接纳,同时清除缓存,如果访问请求到达时,另外一个访问请求正在缓存中等待,则这个新的访问请求将被拒绝。这个算法的主要缺点是它没有讨论缓存大小,而只是假设缓存是无限大,这在实际中往往很难实现。

2.7 流媒体复制技术

在 P2P 网络中,节点有时可能离开网络,这时就需要某种机制使得当一些节点不能连接到网络时,用户仍然能够访问到所需要的媒体对象。为了在 P2P 网络中获得健壮的媒体对象存储系统,需要将源媒体对象复制到多个节点中,这样用户就可以快速访问所需要的媒体对象,减轻或者避免存储非常流行的媒体对象的节点负载过重。

节点本身的状况(如节点存储空间、CPU 处理能力等)和节点之间的连接状况(如节点之间带宽等)通常是不同的,复制技术要使得每个节点处理的请求率和节点的这些状况相适应,即性能高的节点可以存储较多的媒体对象副本,处理较多的请求;性能低的节点可以存储较少的媒体对象副本,处理较少的请求。如果节点过载使得系统失效,将需要大量时间来恢复,因此需要复制技术来均衡 P2P 网络中节点的负载[36]。

围绕上述特性,复制技术必须解决好以下问题。

(1) 复制对象的选择:选择什么样的对象来复制。

(2) 需要副本个数:需要复制多少个副本。

(3) 副本放置的位置:对象副本放置到哪个节点上。

(4) 更新控制:什么时候和如何更新副本。

2.7.1 流媒体复制对象的选择

复制对象的选择要根据对象的流行度和其重要性,这可以通过用户访问的历史记录来获得。考虑到媒体对象的特殊性,对象的访问类型是只读类型[37],这样就不用考虑缓存一致性的问题。文献[17]分析了两个传统的复制策略:均匀复制策略和成比例复制策略。均匀复制策略不考虑媒体对象的流行度,以相同比例复制每个对象;而成比例复制策略是复制更多的比较流行的对象,这样就可以容易地查到比较流行的对象,要查到不流行的对象就比较困难。另外,文献[17]提出了平方根复制策略,分配给某个对象的系统容量的比率是它被查询的请求率的平方根,减少了访问成本,但这个策略的主要缺点是多个副本有可能被放置到互相很近的位置。另外,不应忽略频繁地重新放置已存在的副本所需要的费用[38]。文献[39]针对多媒体对象的复制提出了最优解决方法,选择了媒体对象的适当版本,减少了访问成本,充分考虑了传送成本和代码转换成本,但是它没有考虑缓存有副本的节点有时离开网络的情况。路径复制算法(path replication)和自我复制算法(owner replication)[40,41]因为具有很好的搜寻性能并且容易实现,而被广泛应用,但它们将每个被请求的对象都进行复制,造成一定的盲目性。

2.7.2 流媒体副本个数

除了对象的流行度和重要性,节点的存储容量和访问带宽也决定了副本的个数,通常使用复制率来表示缓存有某个对象的节点占全部节点的百分比。文献[37]研究了在P2P系统中,复制策略对以可用性为中心的QoS的影响,尤其是副本个数和副本放置位置对于可用性的影响,充分考虑了节点离开网络或者进入网络的情况,而且对网络的拓扑结构没有做限制。文献[38]针对多跳无线网络提出了最小访问策略,研究了副本个数的问题,将请求节点和被请求的对象的副本之间的欧几里得距离(Euclidean distance)定义为访问成本,为了获得最小的平均访问成本,一个对象的副本个数应该正比于 $p^{0.667}$(p 是这个对象被访问的概率),但它只是把请求节点和提供节点的欧几里得距离作为访问成本,没有考虑其他成本因素(如节点之间的带宽、节点的存储空间等)。文献[42]借鉴分段缓存的思想,假设每个设备都能估计到达相邻节点的可用带宽,提出了一种基于P2P无线网络H2O(Home-to-Home Online)体系结构的流媒体节目片断的存放与复制机制,结合了复制和预取技术,考虑了三种不同的拓扑结构,计算出媒体对象每个数据块的延迟容忍数,即每个数据块被放置的位置离播放该媒体对象的最大跳数,通过这个延迟容忍数得出每个数据块的副本数量,在保证节点连续播放的前提下,有效减少了节目内容副本的数量,减少了对存储空间的要求,提高了系统资源的利用率和初始延迟,但是它没有考虑节点失效时的情况(如节点离开网络)。另外,决定数据块的复制个数时,没有考虑节点之间的带宽。通常节点之间带宽较低时,应该考虑复制相应的数据块,以减少对带宽的要求,提高提供媒体对象的质量[42]。

2.7.3　流媒体副本放置的位置

对于提高可用性质量 QoA(Quality of Availability),副本的放置位置比副本个数的选择更重要[37,43],为了找到一个适合的放置位置,不仅需要考虑对象的流行度、节点的存储和连接容量,还要考虑节点的可用性,例如,缓存被请求对象的源文件或者副本的进入网络的节点的数目。文献[37]研究了在 P2P 网络中,副本的放置位置对于 QoA 的影响,分别提出了四种放置方法:①任意放置,以均匀概率选择某个节点作为副本的放置位置,不考虑节点提供的可用性和进入网络的概率;②优先放置到高进入网络率的节点,因为高进入网络率的节点更有可能被其他节点访问,所以将副本优先放置到进入网络率高的节点上;③高可用性优先放置,将副本优先放置到可用性高的节点上,充分考虑节点的数据可用性、内在可用性(如节点的存储空间和 CPU 处理能力)以及节点之间连接的可用性;④结合高进入网络率和高可用性优先放置,结合了前两种放置方法,计算出全部节点的进入网络率和可用性的平均值,选择进入网络率和可用性都超过平均值的节点放置副本,但它只是以提高节点的可用性为目标,没有考虑其他 QoS 性能(如媒体对象质量等)。文献[44]提出了一种新的 P2P 流媒体系统结构——可感知拓扑的增强型锯齿结构,设计了一种视频内容分段复制算法,首先确定候选放置节点集合,使得媒体分段到达接收节点的时间小于在保证节目播放不间断的情况下媒体分段到达接收节点的最晚时间,然后从集合中选择一个剩余缓存空间大于媒体分段大小且负载最小的族长节点,在其上放置媒体分段的一个副本,如果未找到,则从集合中选取负载最小的族长节点,在其上执行 SCU(Smallest Caching Utility)缓存替换算法[45]淘汰缓存效用值小的段,留出空间放置媒体分段的一个副本,这样减少了用户取得媒体分段的延迟,使得用户能够流畅地播放媒体对象,但它没有考虑节目流行度和节目片断流行度会经常随着时间而改变,这种情况对复制算法会造成很大影响,另外没有考虑节点之间的异构性(每个节点的带宽、存储能力等性能通常是不同的)。

自我复制算法[41],仅请求节点复制这个被请求的对象,这样每次请求对象时,产生的对象副本只有一个,这样在整个 P2P 网络中传播对象副本将需要很长时间,限制了搜寻被请求对象的能力。路径复制算法[41],在请求节点和提供节点之间的路径上,每个节点都复制被请求的对象,这样对象的副本数目将非常大,大大超过了获得需要的搜索能力所必需的副本数目,一些节点的处理能力和存储能力将被浪费。路径随机复制(path random replication)算法[41],在请求节点和提供节点之间的路径上,每个节点是否产生副本的概率是根据事先决定的复制概率来决定的,复制概率是产生的副本数目与请求节点和提供节点之间路径上的全部中间节点的数目之比,当复制概率是100%时,它就是路径复制算法,当复制概率是0%时,它就是自我复制算法。但是,网络中的节点都是按照相同的复制概率来决定是否产生副本,因为高"度"的节点(节点的"度"指节点的邻居节点的数目),即邻居节点的数目比较多的节点会经常被定位在对象传送的路径上,它就会产生较多的对象副本,造成网络中节点之间负载的不均衡。路径自适应的复制算法(path adaptive replication)[41],在请求节点和提供节点之间的路径上,每个节点是否产生副本的概率是根据事先决定的复制概率和节点的资源状态来决定的,这样避免了路径随机复制算法造成的节点之间负载的不均衡,但它只是考虑由查找被请求的对象造成的节点负载,没有考虑提供对象时所造成的节点负载(如消耗的节点出口带宽等)。

通常网络中决定最优缓存放置的问题与设备定位问题(the facility location problem)和K-中值问题(the K-median problem)相关[38],它已经被证明是NP问题[46-50],两者的区别是:①后者打开设备时不需要成本,而前者需要成本;②后者打开的设备数目有个上界K,其中K可以不固定,作为输入参数[50]。定位问题根据定位方式分为连续定位问题和离散定位问题[51]。连续定位问题主要针对与位置有关的查询业务[52-54],与副本放置位置有关的主要是离散定位问题,离散定位问题的解决空间是离散的,通常设备也是定位于网络中节点上。离散定位问题又包含:① K-中值问题,找到K个设备的位置,使得请求点和设备点之间所需要的权重距离最短;②设备定位问题[47,55-63];③其他问题,如中心问题(center problem)、覆盖问题(covering problem)等[64]。

K-中值问题包括:①无能力限制设备的定位问题(uncapacitated facility location problem,UFLP)[55-58],设备没有能力的限制要求,每个设备都能给无数个用户提供服务,这样用户的需求总能被最近的设备满足,但要求设备只能定位在有限的数目的候选位置,这些位置代表网络的节点,Hakimi[55]证明对于任意给定的设备数目K,至少存在一个最优解使得总距离最小;②有能力限制设备的定位问题(capacitated facility location problem,CFLP)[59-63],实际上设备通常是有一定能力限制的,这样用户的需求分配就和UFLP的情况不一样。

2.7.4 流媒体的更新控制

文献[65]设计了一种基于物理网络结构的叠加网络模型——可感知网络拓扑的流媒体系统结构(Topology-Aware Overlay,TAO),位于同一个物理自治区域内、使用同一个网关的节点构成一个应用组(Application Group,AG),多个应用组协作构成流媒体系统;按组内和组间两级逻辑实施 QoS 控制,组中各节点具有相近的网络和 QoS 性能参数,提出了启发式内容复制与替换算法,在不同应用组间复制节目内容以提高系统的服务能力。在应用组内复制节目内容能够增加服务的健壮性,实现相应副本的更新,但文献[65]并没有针对视频服务的特点对应用组内节点的管理、内容存储策略、系统性能、负荷均衡等问题深入讨论。

文献[66]针对对等网中节点异构、存在多个提供节点为单个请求节点提供流服务的特点,研究了对等网流媒体系统中的两个关键问题:如何有效调度多个提供节点为请求节点提供视频流,以降低请求节点上的服务启动时延;采取什么接纳控制方案才能快速扩大整个 P2P 系统的服务容量,根据实际情况更新副本的分布和数量。

文献[67]针对对等网中节点不确定性、分散性以及时延问题,提出了一种 BMTREE(Balance Multi-Tree)流媒体系统结构,研究了动态调整 BMTREE 结构的算法以应对节点的加入、退出行为。根据节点状态更新副本的位置和数量。文献[68]提出了一种锯齿型对等网流媒体系统结构 Zigzag,设计了基于该结构的控制协议,考虑了节点的可用性和失效恢复,同时没有增加源服务器的负载,使用 Zigzag 结构的目的是通过层次化结构和应用层组播,提高单服务器流媒体系统的性能(如服务吞吐率、用户响应时间、并行服务用户数量等)。在 Zigzag 结构中,由 $k \sim 3k$ 个节点构成一个组(k 是一个常数,称为组的规模参数),组间以层次结构形成集群结构,建立组播转发树;根据功能将节点分为服务器节点(Server Peer,SP)、组长节点(Head Peer,HP)和非组长节点(Non-Head Peer,NHP),服务器节点 SP 的功能是保存原始的节目内容,组长节点 HP 的功能是负责管理组成员和分发来自组播树的流媒体业务流量,非组长节点 NHP 的功能是接收视频业务流量,通过更新副本的位置和数量来提高系统的整体性能,但它没有考虑节点异构的情况。

2.8 视频点播类业务的系统模型

本节首先从用户请求模型、节目流行度特性两方面为视频点播类业务建立数学模型,作为后续研究的数学理论基础;然后介绍了参照文献[69]~[71]实现的流媒体仿真平台,作为后续章节的性能验证环境。

2.8.1 用户请求模型

1. 用户请求到达模型

用户请求到达描述了用户向视频点播系统发出一个点播命令的过程,用户请求行为可以形式化为 Action[UserID, MovieID, Time, Demand, DemandDetail],各个参数分别表示用户、节目、用户行为发生时间、命令、命令详细内容。在统计上,所有用户都遵守一定的分布规律,用户行为仿真平台的功能就是按照这些分布规律,创建每个用户行为,并生成用户行为序列。设用户请求到达的分布是一个 Poisson 过程,即点播请求是相互独立的,且随机到达服务系统。在微观上,我们关心两个相邻用户到达系统的时间差;在宏观上,我们关心一段时间内进入系统的用户数量,即用户请求强度 λ。

假设进入系统的用户按照时间先后顺序排列为 $U_0, U_1, U_2, \cdots, U_n, \cdots$,其进入系统的时刻依次为 $t_0, t_1, t_2, \cdots, t_n, \cdots$,令 $t_0=0$,则 $t_i(i=0, 1, 2, \cdots, n, \cdots)$构成点播强度为 λ 的 Poisson 流。令 $T_{i+1}=t_{i+1}-t_i$ 为相邻两次到达之间的时差。根据 Poisson 分布的特性,时差服从负指数分布。因此可以使用随机数序列计算时差 T_i,如式(2-1)所示,进而递推出 Poisson 序列。其中,$\mu_i \in (0, 1]$为随机数序列。

$$T_i = -\ln(1-\mu_i)/\lambda \tag{2-1}$$

对实际的视频点播类业务,为了更准确地反映用户点播强度随时间变化和存在"黄金时段"的现象,则可采用变强度的泊松过程来描述用户请求模型,即用户请求强度是系统时间的函数 $\lambda(t)$,该函数值可以通过测量统计确定。

2. 用户 VCR 交互模型

VCR 操作是视频点播系统中客户与服务器交互的重要手段。文献[72]建立了 VCR 操作的数学模型:当一个用户请求被系统接纳后,用户交互行为对应的状态转移如图 2-1 所示,其中,$p_i(i=0,1,\cdots,9)$定义为状态转移概率,$d_j(j=0,1,\cdots,8)$定义为在特定状态的滞留时间。假定在整个视频点播期间,用户停留在每个状态的时间满足指数分布。为了使该模型具有真实性,还引入了三类参数:①VCR 请求发生的频度,通过调节转移概率 p_i 实现;②VCR 操作的持续时间,通过调节滞留时间 d_i 达到;③VCR 操作的偏向性,即 VCR 操作中,快进和快退哪个占主导,可以通过调节 p_2 和 p_3 的比例来实现。

该 VCR 模型较好地描述了用户操作特性,针对不同类型的业务,p_i 和 d_j 可以通过实测的统计数据获得。

2.8.2　节目的流行度特性

1. 节目的流行度分布

视频点播业务中用户对节目的请求通常具有集中特性,大量用户点播请求往

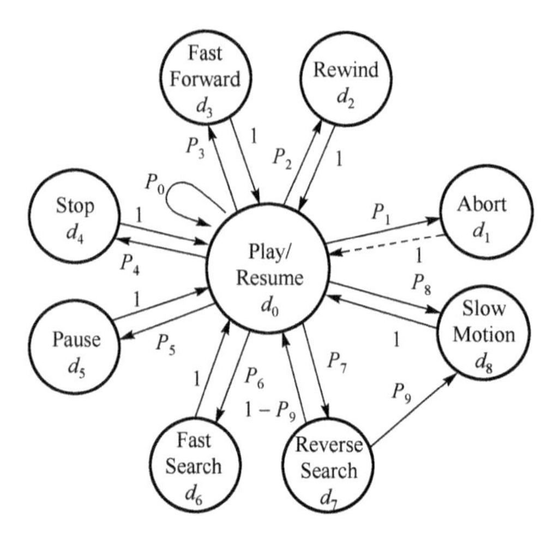

图 2-1 用户 VCR 操作的状态转移图

往集中在少数节目上,这就是对 VoD 业务进行缓存的理论依据。对统计结果的分析表明,可以用广义 Zipf(N, θ)分布近似描述用户对节目的点播特点。即将节目按照其点播次数从高到低排序为 $\mathrm{PRG}=\{\mathrm{Prg}_1, \mathrm{Prg}_2, \cdots, \mathrm{Prg}_N\}$,则各节目的点播概率 $\mathrm{PP}_i=P\{X=\mathrm{Prg}_i\}$为

$$\mathrm{PP}_i=\frac{1}{i^{1-\theta}}\Big/\sum_{j=1}^{n}\frac{1}{j^{1-\theta}}, \qquad i=1, 2, \cdots, N, \ 0\leqslant\theta\leqslant 1 \qquad (2\text{-}2)$$

式中,N 为系统中总的节目数;θ 为倾斜因子,该值越小,节目的集中程度就越明显,如图 2-2 所示。

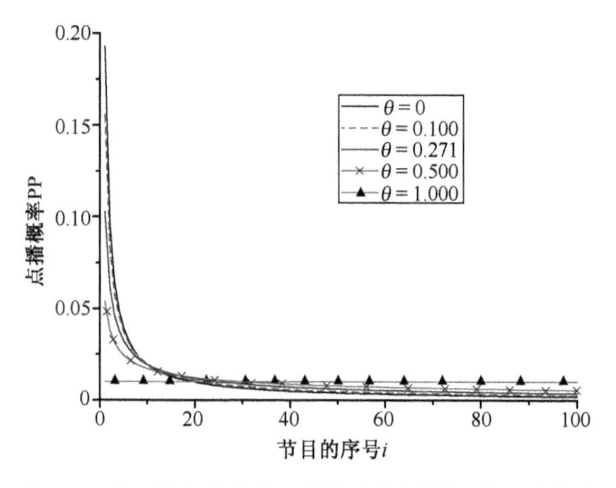

图 2-2 Zipf 分布中节目点播概率与倾斜因子 θ 的关系

Dan 针对 VoD 的统计表明,用户对 92 个电影的点播服从 $\theta=0.271$ 的 Zipf 分布。

使用下述方法依次获得 Zipf 序列：首先根据式(2-2)计算 PP_i，将 PP_i 按照从大到小的顺序排列，并映射到数轴上的(0，1]区间，记录各段对应的节目标识；然后取出随机数 μ_i，判断 μ_i 落在区间上的哪个段，则以该段对应的节目标识作为用户本次请求的节目号。

2. 节目片段的流行度分布

在节目播放过程中，用户可能在不同的时段停止观看。统计结果表明[73]，只有 55%左右的用户会从头到尾观看完整节目，剩余的 45%用户会在不同的时间中止播放，且提前中止点播的用户大部分集中在节目的前 5%时间段内。因此，若将一个视频节目按照时间长度分段，则最开始的段具有最高流行度；随着段序号的增加，段流行度递减。在文献[74]中将这种用户的退出行为集中发生在节目开始和结尾部分的统计特性称为双峰(bimodal)分布。

在本书中，将节目相对于其他节目的流行度称为外部流行度，而将同一个节目的不同片段的流行度称为内部流行度。

2.8.3　系统仿真平台

该平台用于仿真大型 VoD 系统中的用户操作行为和节目访问特性，模拟系统运行状况，统计和分析运行数据，以达到在相同的环境下客观地比较不同算法性能的目的。

按照功能将该平台划分为如下几个模块[44]。

(1)用户行为仿真模块。按照用户行为的统计分布规律，在数学模型的基础上生成用户行为序列，构成用户行为样本，反映用户到达、点播请求、VCR 操作、离开等事件。用户行为仿真模块细化为随机数发生器、正态分布数据发生器、Zipf 分布生成器、泊松序列产生器、用户行为样本序列等子模块。

(2)算法承载模块。提供各种算法的具体实现，并使用统一的接口与资源分配与管理模块、数据统计与分析模块交互。通过统一接口，为待验证的各种算法(策略)提供相同的运行环境和数据界面，以保证仿真结果的客观性和可比性。

(3)数据统计与分析模块。实现仿真数据的记录、保存、加工与输出功能。

(4)网络拓扑生成模块。按照规律生成接近实际系统的网络拓扑结构，包括站点位置、站点间的通信代价、性能、链路的带宽、路由等信息。

(5)资源分配与管理模块。管理仿真系统中的各种资源，包括视频节目、缓存空间、网络带宽、服务器处理能力等，与算法承载模块交互实现资源的分配、调度、回收等功能。

2.9　视觉跟踪相关技术

2.9.1　遮挡的处理

目前已经有很多学者开始研究在遮挡情况下的对象跟踪，这是因为在现实跟踪中，对象被部分或者全部遮挡一段不确定的时间段是很通常的，另外，遮挡也是跟踪中的一个难题。遮挡一般分成三类：自我遮挡、相互遮挡、背景遮挡。自我遮挡是对象的一部分遮挡另外一部分，多发生在关节对象。相互遮挡是被跟踪的两个对象相互遮挡。背景遮挡是背景遮挡住了被跟踪的对象。部分遮挡是很难被检测出来的，这是因为部分遮挡和对象改变了形状是很难区别的。

解决遮挡问题需要面对的挑战如下[75]。

(1)如何健壮地决定对象被遮挡的部分。当遮挡体和被跟踪对象相似或者被跟踪对象的外表发生变化时，对遮挡状态的检测更加困难，跟踪算法要判断像素点的变化是由遮挡引起的还是被跟踪对象本身引起的。

(2)当目前图像帧的遮挡情况未知时，如何准确地定位被跟踪对象。通常，被跟踪的对象被准确地定位以前必须知道遮挡情况，然而，只有被跟踪对象首先被准确定位以后通过和模板的比较才能决定对象被遮挡的情况。

(3)如何正确地更新模板以便追踪被跟踪对象外表的变化，阻止由模板漂移引起的损害。

(4)当被跟踪对象被完全遮挡一段时间后，如何可靠地检测被跟踪对象的再次出现，而且提取到它。

解决遮挡的常用解决方法有[7]：光流法[76]、线性动态模型[77]、非线性动态模型[78]、多摄像机、选择恰当摄像机位置。

在遮挡过程中，用线性动态模型和非线性动态模型模拟对象的运动，来预计对象再次出现的位置。使用多个摄像机可以从不同角度对被跟踪对象进行记录，通过对象深度信息，解决遮挡问题[79,80]，另外可以增加视觉范围，单个摄像机有可能不能达到希望的观测范围。但是，多摄像机也有它的缺点，那就是如何将不同摄像机所获得的不同视角的运动目标信息正确地对应起来，这一问题的难度有时甚至比单纯跟踪问题的难度还要大。如果摄像机可以移动，当发生遮挡时，可以移动摄像机，选择恰当的位置，换个角度就有可能避免遮挡。

针对车辆遮挡问题，目前的解决方法[81]有特征[82,83]、3D[84-86]、统计[87]和推理模型[88,89]。对于车辆被部分遮挡的情况，总会有一部分能够看见，通过跟踪这部分的特征，构建特征模型来解决遮挡问题。大多数 3D 模型严重依赖场景的几何限制，这样就不能在一些实际应用中实现它，另外，3D 模型的性能对于车辆检测和校准的准确性有着较高的要求，这也极大地降低了这种方法的一般性。推理模型是根据经过车辆的位置和轨迹等先验知识来解决遮挡问题的。

文献[90]提出了可以适应视觉特征变化和处理遮挡的跟踪算法，定义了能量函数，通过最小化轮廓周围的能量函数来逐帧地取得对象的轮廓，其中的能量函数是由贝叶斯框架得到的。视觉特征（颜色、纹理）由参数模型来模拟。先验形状由形状水平集构成，在遮挡期间用来恢复失去的对象区域。

文献[91]使用模板匹配实现了新的跟踪算法，通过健壮的卡尔曼滤波器平滑对象的外表特征，更新模板。对于部分遮挡，模板可以准确地检测和处理，光线的突变也能得到处理，完全能达到实时的要求。但是，它只能处理短期的遮挡，不能处理长期遮挡问题。

2.9.2　辅助物的利用

视觉跟踪算法一般需要解决两个难题：一方面要求跟踪算法对于各种情况要有足够的健壮性，能够处理遮挡、光线和场景变化等；另外一方面要求跟踪算法能够实现实时的跟踪。较长时间进行跟踪的一个主要困难是缺乏有效的校正手段，这样容易造成跟踪器逐渐无意识地漂移或者被跟踪对象的观测模型短暂失效。被跟踪对象移出图像边界或发生严重的遮挡都可能造成跟踪失败。应用辅助物在很大程度上会对跟踪有所帮助[92-94]。

辅助物是短期和被跟踪对象有着紧密的运动联系，有助于跟踪的物体。辅助物短期内至少应该满足：①和被跟踪对象同时出现；②和被跟踪对象一致的运动关系；③容易被跟踪。这样不太可能所有的辅助物同时都被遮挡或失去轨迹。

文献[92]给出了辅助物的定义，它使用在线发现的辅助物来修正跟踪结果，这种跟踪方法通过平衡修正所需资源和计算效率取得了健壮的跟踪效果。但是这种方法的应用和效率高度依靠于如何可靠地确认被跟踪对象和辅助物之间的运动关系。

文献[93]和[94]提出了协作跟踪算法（上下文感知的跟踪算法），它包括三个步骤：挖掘辅助物、协作跟踪、信息融合。挖掘辅助物是提取出辅助物，它通过颜色信息对输入图像进行分割，有效地分割比准确但成本过高的分隔更加重要，这里不需要对分割区域的边界进行准确分隔。然后采用经典的分裂-合并四叉树（split-merge quad-tree）颜色分割算法对图像进行粗分割，通过递归的方式将图像分割成更小的可能同质的颜色区域，把相似的区域逐渐合并，并除掉太大、太小和凹区域，得到分割结果，这种方法的最大好处是计算效率高。然后通过分割区域直方图的 Bhattacharyya 系数 ρ 和 k-means 聚类算法产生字典（vocabulary），利用字典将每个候选分割区域(item candidate)量化。利用数据挖掘里修正的FP-生长算法提取与跟踪目标同时出现的概率较高的区域作为辅助物体。因为是在线挖掘,还需考虑以前图像的重要性。

协作跟踪是利用相应的跟踪算法对被跟踪对象和辅助物体跟踪,由于被跟踪对象和辅助物之间是具有一定的相关性,每个跟踪器都需要同时考虑局部估计和来自其他跟踪器的信息。和单一跟踪目标相比,借助辅助物的帮助,可以减少对目标运动估计的不确定性。

信息融合是把协作跟踪的结果进行融合,当被跟踪对象和辅助物体具有较高的相关性时,两者可以视为协作跟踪,它们互相印证;当被跟踪对象和辅助物之间的跟踪结果由于一些原因完全不同时,就会产生错误,为了避免这种情况,需要能够检测和识别这种不一致的机制。

文献[95]提出了基于颜色的 Mean Shift 跟踪算法,通过多线索融合和辅助物解决了被跟踪对象被全面遮挡和越界的问题,根据每个线索的不同性能,赋予它们不同的权值,自适应地结合。但是它只是针对室内环境,具有一定的限制。

2.9.3 特征选择

目前很多学者研究的跟踪算法都使用事先已经决定好的一系列特征,跟踪算法成功或失败主要依赖于怎样从周围环境中识别出被跟踪对象,这要求把能够将被跟踪对象和背景最好地区别开的特征作为跟踪算法的理想特征。但是背景不总是事先知道,而且当被跟踪对象从一个地方移到另外一个地方时,背景将会改变;前景也有可能发生改变。当前景和背景发生改变时,最理想的一系列特征也会发生改变。因此,需要研究一个在线的动态改变的特征选择机制[96]。

特征选择机制是和被跟踪对象的表现方式紧密联系的,如被跟踪对象的边通常作为基于轮廓表现的对象跟踪算法的特征。特征选择机制主要包括选择标准函数、采用搜寻策略。选择标准函数是用来将一个特征集和其他特征集相比较的数量上的量度标准,搜寻策略是用来查找候选特征集和决定何时停止查找的系统过程,它需要在搜寻速度和搜寻结果的最优性之间找到一个折中[96]。标准函数根据其估计过程是过滤器(filter)还是包装器(wrapper)来分类,过滤器方法尽量基于通用的标准来选择特征,如特征之间是无关的;包装器方法是基于在特定领域中特征的有用性来选择特征,如一系列特征的分类性能。PCA(Principal Component Analysis)[97,98]是一种过滤器方法,Adaboost[99,100]是一种包装器。序列前向选择(sequential forward selection)[101,102]是贪婪策略,并没有达到最优,但它的计算复杂性是线性的。

文献[96]提出了有效的方法,可以在跟踪目标对象时,连续评估多特征,选择一系列可以提高跟踪性能的特征。它把二级方差比运用到 log 似然分布中，这个给定特征的似然分布是由目标对象和背景像素的抽样计算得到的，由此发展了在线特征排队机制，并应用到跟踪算法中，跟踪系统自适应地选择高等级的特征，跟踪对象和背景的外表模型都要随时间进行更新。但是它没有解决选择什么类型的特征、选择多少个特征等问题，另外模型的更新带有一定的随意性[103]。

目前已经有很多学者研究基于多线索融合的视觉跟踪算法，其中分三类：基于自适应地调整线索的权值的视觉跟踪算法；基于动态选择线索的视觉跟踪算法；动态选择线索以及自适应调整线索的权值的视觉跟踪算法。传统的基于单线索的视觉跟踪只是考虑单一特征，跟踪效果不理想，当环境变化时，往往无法实现跟踪目标，例如，基于颜色线索跟踪的最大弱点是当非感兴趣对象或其他区域的颜色特征和兴趣对象的颜色特征相似时，跟踪会失败。因此，本书除了考虑颜色，还考虑了运动连续性特征和预测位置特征等多种线索进行跟踪。

文献[95]和文献[104]～[107]实现了基于自适应地调整线索的权值的视觉跟踪算法；文献[96]、文献[103]和文献[108]～[110]实现了基于动态地选择线索的视觉跟踪算法；文献[99]实现了动态地选择线索以及自适应地调整线索的权值的视觉跟踪算法。

文献[95]提出了 CMET(Collaborative Mean Shift Tracking)算法，结合了颜色、位置和预测特征线索，根据背景情况动态地更新每个线索的权值，使用 Mean Shift 技术，利用辅助物实现了视觉跟踪算法。但是，它假设背景模型服从单高斯模型，事先需要对无运动物体的视频序列进行训练，得到背景初始模型，这样限制了它的应用，而且 Mean Shift 技术的概率分布是基于静态分布，不能进行动态调整，另外在线索评价函数中用一个比目标稍大的矩形表示感兴趣区域，在该矩形和跟踪窗口之间的区域定义为背景区域，对于某个线索的可靠性评价函数，背景区域的大小直接影响它的值，即跟踪窗口越大，它的可靠性评价函数值越小，缺乏一般性。

文献[104]提出了基于协同推论学习的视觉跟踪算法，它把多线索的融合和跟踪问题转化成基于可分解的图形模型的概率问题，把这个图形模型分解成不同的线索，这些线索之间互相协同，多线索包括形状特征和颜色特征。这个跟踪算法使用序列蒙特卡罗方法和统计抽样技术来实现线索之间的相互协同，首先得到一种特征的抽样值，根据这个抽样值得到第二个特征数据，以此来训练第二个特征的模型，直到第二个特征的模型的似然值最大。协同推论就是高维状态空间中的推论可以通过迭代方式在低维状态子空间中分解出来。但是它过于复杂，实现起来有一定困难。

文献[105]提出了动态贝叶斯网络方法，为了增加视觉跟踪的可靠性，引入多线索机制。多线索包括皮肤颜色特征、椭圆形状特征和脸部检测特征。在动态贝叶斯网络模型中，将它们和隐性运动状态结合，文献[105]使用基于粒子的近似推论来估计实际运动状态，从动态贝叶斯网络模型中抽样似然权值，带有权值的粒子代表了跟踪目标的各种可能状态，不需要假设像素值服从简式线性的高斯分布。但是，它是针对脸部跟踪的方法。

文献[106]提出了基于数据融合的多线索的匹配方法，针对目标运动或光照变化引起的形状变化，分别对目标刚性程度、背景颜色和目标颜色相似程度的不同情况进行研究，多线索包括模板特征、颜色特征、轮廓特征和目标位置预测特征，使用绝对差之和作为相似性的判断标准，能够自动调整每个线索的权值。但是，对于轮廓特征它没有考虑抽取目标边界时经常产生的空洞现象，使得形成的目标轮廓不够准确，另外没有给出如何得出匹配过程的阈值。

文献[107]提出了基于颜色特征、运动特征和声音特征等的粒子滤波跟踪方法，分别实现了以颜色特征为主要线索，融合声音定位线索的跟踪方法和颜色特征融合运动定位线索的跟踪方法，通过运动和声音特征实现背景和前景颜色相似的情况。颜色特征采用 RGB(Red, Green, Blue)信道，参考 Bhattacharyya 相似性系数，定义了颜色似然模型。运动特征通过计算前后帧的差来得到，声音特征通过测量到达两个麦克风的音频信号的时间延迟来获得。但是，它的运算量非常大。

文献[96]提出了在线式特征选择机制，在跟踪过程中，不断地估计和调整特征，按照区别目标抽样分布和背景抽样分布的能力对每个特征进行排列，自适应地从三个颜色通道的不同组合中选择最适合的颜色特征，更好地区别背景和目标，特征估计机制和 Mean Shift 算法相结合实现跟踪。但是，它只是使用了颜色特征，没有考虑其他特征，缺乏健壮性。

文献[103]提出了自适应跟踪算法，使得跟踪算法更加健壮。通过实验，文献[103]一般选择 1～3 个特征，因为特征之间不完全独立，有可能有关联，所以不是选择特征越多，取得的性能越好。但是它过于复杂，对计算性能提出了较高要求。文献[103]扩展了标准 Mean Shift 算法，根据颜色特征和形状-纹理特征的区别能力选择可靠的特征实现自适应的跟踪，形状-纹理特征通过方向直方图来描述，定义了特征的似然率，选择方差最大的特征作为跟踪线索，目标模型根据初始和当前模型的相似性进行不断更新。但是它不能处理目标被长时间地遮挡的情况。

文献[108]提出了基于多特征自组织的跟踪系统，结合了亮度特征、颜色特征、运动连续性特征、形状特征和对比范围特征等线索，这些线索采用民主融合方法，即跟踪系统试图在不同的线索之间取得最大的一致性，得出它们的最终跟踪结果，每个线索都要自适应地调整。但它是穷举搜索，运算量非常大。

文献[109]把跟踪转换成分类问题，即将前景目标和它周围背景相区别分类的问题。文献[109]综合考虑了空间信息和时间信息，使用空间分割和占有方法把图像分割成更小的区域，选择不同的特征在这些区域中区别前景和背景，结合了前景的运动估计和运动分割，每个空间区域的权值图和运动信息相结合形成最后的联合权值图，通过 Mean Shift 算法实现跟踪。但是它没有解决漂移的问题。

文献[110]提出了一种从很多特征空间中在线选择适合跟踪的特征的方法，提高跟踪算法的鲁棒性，它结合粒子滤波实现跟踪，在跟踪过程中，对所有的特征值进行抽样，使用 Fisher 判别方法对每个基于抽样值的特征按照它们的分类能力进行排序，选择排序在前面的特征进入外表模型中，排除无效的特征。

文献[99]把特征选择问题建模成寻找一个较好的特征子集，由这个特征子集构成一个混合似然图，使得能够更好地区别背景和目标，实现跟踪。通过使用 AdaBoost 算法，文献[99]迭代地选择一个最好的特征，使得它能够弥补以前选择的特征的不足，每个特征都构成相应的似然图并线性地组合成混合似然图。但它非常复杂，运算量非常大，实现很困难。

2.10　视觉注意转移机制

2.10.1　视觉注意

视觉注意(visual attention)是人类视觉(human vision)研究领域的重要课题之一，它是研究人在观看图像时，到底对什么更加注意。在实际的物理计算系统中，处理资源是有限的，这与在视觉跟踪系统中每秒需要处理大量信息是矛盾的，造成了计算瓶颈，其中一种解决策略是选择输入图像的一部分来优先处理，处理焦点以串行的方式从一个地点转移到另外一个地点，即通过视觉注意来选择需要优先处理的图像部分以及处理的顺序。视觉注意是人具有精神或观察能量能够集中的能力，如图 2-3 所示。图中第三行第二列的亮斑与其他亮斑的排列方向明显不同，通常人的视觉注意力会优先对此亮斑进行处理。从本质上讲，视觉注意是为了减少视觉感知中所固有的搜索过程的计算成本而定义的一系列策略[111]。近几年来，注意机制的一些方法被应用到图像处理中，逐渐成为研究的热点之一。

视觉注意分为两种类型[111-119]：一种是由数据/刺激驱动、独立于任务的自底向上的视觉注意(bottom-up attention)，图像中的颜色、亮度、运动信息是常用的刺激(特征)，它只考虑感官上的信息(the sensory information)，不考虑特定的任务或者目的对注意和眼动的影响。在一定情况下，由纯粹的自底向上模型得到的结果不能始终地和用户行为匹配;另一种是受意识支配、依赖于任务的自顶向下的视觉注意(top-down attention),先验知识、记忆、目标是常用的因素。在虚拟现实中,把感觉注意模拟成纯粹的自顶向下的过程也是不完善的,纯粹的自顶向下模型没有考虑虚拟人物需要对感觉刺激作出的反应。

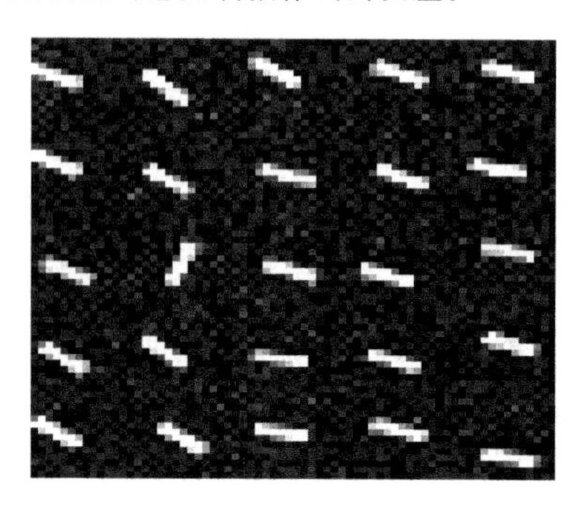

图 2-3 视觉注意[113]

2.10.2 转移机制

文献[112]提出了在交互式虚拟环境中,面向可计算的跟踪目标的实时系统框架,综合考虑了自底向上的注意模型和自顶向下的注意模型。分别定义了基于用户动作的时间上下文和空间上下文。空间上下文表示用户长期注意物体的程度,时间上下文表示用户短期注意物体的程度。在一定时间内,针对某一个物体的空间上下文值(或者时间上下文值)越高,则在这个期间内用户越注意这个物体。文献[112]首先利用亮度、色调、深度、大小、运动等特征构成特征图,然后通过中心外围差运算(center-surround difference operation)把特征图转变成单一的显著图,通过项目缓存(item buffer)将像素点级别的自底向上的显著图转变成对象级别的显著图,最后在交互式导航期间,从用户的时间和空间行为中推导出自顶向下的上下文(the top-down contexts),利用这些上下文在对象显著图中选择最似真的对象。为了提高运算速度,文献[111]使用图像处理单元(graphics processing unit)来专门计算显著图。这个系统框架即使在没有眼睛追踪器的情况下也能有效地工作。但是这个系统还是过于复杂,实现很困难。

文献[113]提出了一种基于焦点视觉注意力(focal visual attention)的可计算模型和一种自底向上、基于显著性(saliency)的视觉注意力系统。显著图中的点和输入图像的像素有拓扑上的对应关系,不同视觉特征(如亮度、颜色、方向等)对显著性有不同的贡献,但它们之间没有相互作用。对于视觉注意来说,重要的是特征的对比，而不是特征的局部的绝对值。使用不同尺度的高斯差函数（difference of Gaussian）对图像的不同特征滤波，把得到的各个特征的响应求和，作为图像中该点的显著值。再利用动态神经网络按照显著性递减的顺序检测出显著值最大的点作为注意力焦点的位置。但是，这个系统没有在特征图中实现再生机制，因此就不能重现轮廓完成和关闭（contour completion and closure）等现象。另外，这个系统也没有包括任何的大细胞运动通路（magnocellular motion channel），而它在人体显著性中扮演着重要的角色。

文献[114]提出了基于区域的视觉注意，在处理注意力以前进行像素聚类，不但加速了处理过程，而且方便物体识别和视觉处理的结合，视觉注意处理包括五个特征通道——颜色特征、大小特征、对称性特征、方向特征和离心率特征，加快了处理速度，能够每秒同时处理多帧。

文献[115]分析了人们对观看的视频内容感兴趣的机理，提出了内容驱动的注意等级策略，使用户可以根据他们的喜好反复观看视频内容，它能够测量用户对每帧的兴趣水平，注意度来源基于对象的视觉注意和上下文注意模型。采用三种类型的特征：时间、空间和面部。空间类型特征包括亮度特征、颜色特征和方向特征。在时间特征图中定义了运动活动，在面部特征中采用了皮肤颜色特征图。文献[115]构建了基于对象的视觉注意模型、摄像机运动时的视觉注意模型和上下文视觉注意模型。

文献[116]针对移动机器人提出了基于上下文的场景识别算法，能够使用特征的多尺度集来区别室外的三个不同场景，它把每幅图片分成16个区域，共提取34个特征：方向通道提取16个特征，颜色通道提取12个特征，亮度通道提取6个特征。算法分别实现了要点模型和显著性模型，定义了要点特征。

为了检测视频序列中的注意区域，文献[117]提出了一个基于自底向上的空间、时间注意检测体系结构，通过空间、时间信息分别计算出显著图。在时间注意模型中，通过图像之间的兴趣点联系和几何转换来计算运动对比度。在空间注意模型中，通过视频图像的颜色直方图来计算像素点级别的显著图。首先检测出注意点，用这个注意点初始化矩形的注意区域，然后沿着矩形的各个边逐渐地扩展注意区域，直到找到高注意力值的区域和低注意力值的区域之间的边界为止。根据视频图像的具体情况，时间注意模型和空间注意模型分别赋予动态的权值：视频图像中运动对比度强烈时，时间注意模型的权值较高；如果视频图像中运动对比度较弱，空间注意模型的权值较高。但是，文献[117]中的空间注意模型只是考虑了颜色特征，没有考虑亮度、纹理等特征；另外它也没有考虑自顶向下的方法。

文献[118]针对脸部检测上下文的视觉搜寻任务提出了选择注意的计算模

型，综合考虑了自顶向下和自底向上的信息，自底向上处理模块包括构建皮肤颜色图、脸部特征图和椭圆图，定义了两个调节参数，能够反映自顶向下的线索和各个线索本身变化所带来的动态变化。它假设已知某线索的属性，如目标穿的衣服的颜色大致已知等。针对某线索上的候选目标，自顶向下的输入值是符合线索值的区域到可能的候选目标之间的高斯距离；针对某线索下的候选目标，自顶向下的输入值是 0。当符合线索值的区域有多个时，取目标到候选区域最近的距离。

传统的视觉注意是基于空间定位假设来驱动注意，文献[119]提出了基于对象和特征驱动的视觉注意。计算机视觉中应用视觉注意机制是为了减少处理与视觉行为或视觉任务相关的重要信息，可以有效地解决计算资源、时间成本和各种动态环境中的视觉任务之间的平衡。文献[119]分析了视觉注意执行有效选择需要解决的三个问题。①视觉系统如何知道哪些信息对于吸引注意力是重要的。目前有两种方法解决，即自底向上的信息和自顶向下的信息。自底向上的信息包括基本特征，如颜色、方向、运动、深度和连接特征等，这时运用显著特征（salient features)来吸引视觉注意。如果视觉注意被提前吸引到其他地方时，纯粹的自底向上方法就无法解决这种情况，可以考虑与当前视觉行为相关的自顶向下的信息来吸引视觉注意。②视觉系统如何知道何时和怎样吸引注意力，选择重要信息，而不是随机选择和选择随机次数。③视觉注意转移的下一个潜在目标在哪里，如图 2-4 所示。传统有两个假设：基于空间的注意原理和基于对象的注意原理。基于空间的注意原理把注意力分配到一个空间区域，处理这个区域中的一切；基于对象的注意原理把注意力分配到一个对象或者一组对象，处理被选择对象的一切属性而不是空间区域。两者的不同是：视觉注意选择的基本单元不同，基于对象的注意原理离散地选择对象而不是仅仅或者经常选择视野中连续的空间区域。另外，它们使用不同的方法来构成和结合低级的特征图，并使用不同的方法来模拟视觉注意转移的控制机制。

基于空间的注意模型只是关注基于空间位置选择的视觉注意机制，缺乏考虑基于对象的选择机制。当对象折叠或者共享共同属性时，视觉注意需要同时关注几个不连续的空间区域。当构成同一对象的不同视觉特征来自同一空间区域时，或许就不需要视觉注意转移了。当对象的结构非常复杂时，就需要同时考虑基于对象、基于空间和基于特征的视觉注意。相对于基于空间的视觉注意，基于对象的视觉注意具备以下优点：

(1)更加有效的视觉搜索，包括速度和准确性；

(2)选择无效位置的机会更小；

(3)自然的层次选择。

图 2-4　视觉注意转移

2.10.3　视觉注意在跟踪上的应用

在视频中除了感兴趣的被跟踪目标，通常还有大量的干扰信息，视觉注意机制能够帮助大脑减少处理干扰信息，并将注意力集中在感兴趣的被跟踪目标上，使视觉感知过程具有选择性。将视觉注意机制应用到视觉跟踪中，能够较好地解决处理资源有限和实现跟踪需要大量计算之间的矛盾。

目前研究视觉注意的很多文献只是关注于模拟自然环境的视觉注意机制，用更好的模型表示它，但很多模型的计算量较大，因此需要研究如何减少视觉注意模型的计算量，将视觉注意机制和其他视觉跟踪算法结合起来，改善视觉跟踪的效果。

2.11　小　　结

总之，向用户提供快捷、稳定、准确、低成本的跟踪结果是视觉跟踪系统追求的目标，也是视觉跟踪取得成功的关键。为此，本章介绍了视觉跟踪算法的研究现状，包括视觉跟踪算法的分类、常用数学方法，讨论了遮挡问题和辅助物的利用等，但是因为被跟踪对象周围环境的多样性和复杂性，使得视觉跟踪技术仍然有很多需要解决的问题摆在研究者面前。

参考文献

[1] 孙红霞.流媒体技术在电信宽带网络中的应用. 山东科学,2003,16(2):65-67.

[2] 沈奇威,廖建新. P2P技术在电信业务中的一种应用.计算机应用研究,2006, 23(8):228-231.

[3] 张联峰, 刘乃安, 钱秀槟,等. 综述:对等网(P2P)技术. 计算机工程与应用, 2003,12:142-145.

[4] 雷正雄,廖建新,朱晓民. 基于补丁流传输机制的移动流媒体系统的缓存替换算法. 高技术通讯, 2006, 16(7): 671-675.

[5] 杨戈,廖建新,朱晓民,等. 基于段流行度的移动流媒体代理服务器缓存算法. 通信学报, 2007,28(2):33-39.

[6] Lv Q, Cao P, Cohen E, et al. Search and replication in unstructured peer to peer networks. Proceedings of the 16th International Conference on Supercomputing,2002.

[7] Napster Inc. The napster homepage. http://www. napster. com/.

[8] Open Source Community. The free network project. http://freenet. sourceforge. net/.

[9] Ratnasamy S, Francis P, Handley M, et al. A scalable content-addressable network. Proceedings of SIGCOMM'2001, 2001.

[10] Rowstron A, Druschel P. Storage management and caching in past, a large-scale, persistent peer-to-peer storage utility//Proceedings of SOSP'01,2001.

[11] Stoica I, Morris R, Karger D,et al. Chord: a scalable peer-to-peer lookup service for internet applications//Proceedings of SIGCOMM'2001, 2001.

[12] Zhao B Y, Kubiatowicz J, Joseph A D. Tapestry: an infrastructure for fault-tolerant wide-area location and routing //Technical Report UCB/CSD-01-1141. Berkeley: University of California, 2001.

[13] Open Source Community. Gnutella. http://gnutella. wego. com.

[14] KaZaA file sharing network. KaZaA. http://www. kazaa. com.

[15] Morpheus file sharing system. Morpheus. http://www. musiccity. com.

[16] FastTrack Peer-to-Peer Technology Company. FastTrack. http://www. fasttrack. nu/.

[17] Cohen E, Shenker S. Replication strategies in unstructured peer-to-peer networks//Proceedings of the 2002 conference on Applications, Technologies, Architectures, and Protocols for Computer Communications, 2002:177-190.

[18] Venkataraman V, Yoshida V, Francis K, et al. Chunkyspread: heterogeneous unstructured tree-based peer-to-peer multicast //Proceedings of the 2006 14th IEEE International Conference on Network Protocols, 2006:2-11.

[19] Hefeeda M, Habib A, Botev B, et al. PROMISE: peer-to-peer media streaming using collectcast //Proceedings of the Eleventh ACM International Conference on Multimedia, 2003: 45-54.

[20] Viswanathan S, Imielinski T. Pyramid broadcasting for video on demand service. IEEE Multimedia Computing and Networking Conference, San Jose, 1995.

[21] Hua Kien A, et al. Skyscraper broadcasting: a new broadcasting scheme for metropolitan video-on-demand system. ACM SIGCOMM Conference, Cannes, 1997.

[22] 钟玉琢，向哲，沈洪. 流媒体和视频服务器. 北京:清华大学出版社，2003.

[23] Dan A, et al. Scheduling policies for an on-demand video server with batching. ACM Multimedia, San Francisco, 1994.

[24] Leung M Y Y, Lui J C S, et al. Use of analytical performance models for system sizing and resource allocation in interactive video-on-demand systems employing data sharing techniques. IEEE Transactions on Knowledge and Data Engineering, 2002, 14(3):615-637.

[25] Liao W J, Li V O K. The split and merge protocol for interactive video-on-demand. IEEE Multimedia, 1997, 4(4):51-62.

[26] 覃少华,李子木,蔡青松,等. 基于代理缓存的流媒体动态调度算法研究. 计算机学报，2005, 28(2):185-194.

[27] Chen S, Shen B, Wee S, et al. Streaming flow analyses for prefetching in segment-based proxy caching strategies to improve media delivery quality //Proceeding of the 8th International Workshop on Web Content Caching and Distribution, 2003.

[28] Nguyen T, Zakhor A. Distributed video streaming over the Internet//Proc. of the SPIE Conf. on Multimedia Computing and Networking 2002. Bellingham: SPIE Press, 2002.

[29] Nguyen T, Zakhor A. Distributed video streaming with forward error correction //Proc. of the Packet Video Workshop. New York: IEEE Press, 2002.

[30] Hefeeda M, Habib A, Botev B. et al. Promise: a peer-to-peer media streaming system // Proc. of the ACM Multimedia 2003. New York: ACM Press, 2003.

[31] Rejaie R, Ortega A. Pals: peer-to-peer adaptive layered streaming //Proc. of the ACM NOSSDAV 2003. New York: ACM Press, 2003.

[32] Cui Y, Nahrstedt K. Layered peer-to-peer streaming //Proc. of the ACM NOSSDAV 2003. New York: ACM Press, 2003.

[33]Chen I R, Li S T. A cost-based admission control algorithm for handling mixed workloads in multimedia server systems //Proceedings Eighth International Conference on Parallel and Distributed Systems, Kyongju City, 2001: 543-548.

[34] Zimmermann R, Fu K. Comprehensive statistical admission control for streaming media servers //Proceedings of the Eleventh ACM International Conference on Multimedia, 2003: 75-85.

[35] Lai Y C, Lin Y D. A fair admission control for large-bandwidth multimedia applications. 22nd International Conference on Distributed Computing Systems Workshops, 2002: 317-322.

[36] Keyani P, Larson B, Senthil M. Peer pressure: distributed recovery from attacks in peer-to-peer systems //Proc. of IFIP Workshop on Peer-to-Peer Computing, in Conjunction with Networking, 2002: 306-320.

[37] On G, Schmitt J, Steinmetz R. The effectiveness of realistic replication strategies on quality of availability for peer-to-peer systems //Proceedings of Third International Conference on Peer-to-Peer Computing, 2003:57-64.

[38] Jin S D, Wang L M. Content and service replication strategies in multi-hop wireless mesh networks //Proceedings of the 8th ACM International Symposium on Modeling, Analysis and Simulation of Wireless and Mobile Systems, 2005.

[39] Li K Q, Shen H, Chin F L Y, et al. Multimedia object placement for hybrid transparent data replication. IEEE Global Telecommunications Conference, 2005, 2:631-635.

[40] Lv Q, Cao P, Cohen E, et al. Search and replication in unstructured peer-to-peer networks // Proceedings of the 16th International Conference on Supercomputing, 2002: 258-259.

[41] Yamamoto H, Maruta D, Oie Y. Replication methods for load balancing on distributed storages in P2P networks //Proceedings of the 2005 Symposium on Applications and the Internet, 2005:264-271.

[42] Ghandeharizadeh S, Krishnamachari B, Song S. Placement of continuous media in wireless peer-to-peer networks. IEEE Transactions on Multimedia, 2004,6(2): 335-342.

[43] On G, Schmitt J, Steinmetz R. The quality of availability: tackling the replica placement problem for multimedia service and content. In LNCS 2515, 2002:313-326.

[44] 杨波. 流媒体系统的关键技术研究. 北京:北京邮电大学,2006.

[45] Lim E, Park S, Hong H, et al. A proxy caching scheme for continuous media streams on the Internet. 15th International Conference on Information Networking, 2001,2: 720-725.

[46] Krarup J, Pruzan P. The simple plant location problem: survey and synthesis. European Journal of Operational Research,1983, 12(1):36-41.

[47] Shmoys D B, Tardos E, Aardal K. Approximation algorithms for facility location problems (extended abstract) //Proceedings of ACM Symposium on Theory of Computing (STOC), 1997:265-274.

[48] Krishnan P, Raz D, Shavitt Y. The cache location problem. IEEE/ACM Transactions on Networking, 2000, 8(5):568,582.

[49] Baev I D, Rajaraman R. Approximation algorithms for data placement in arbitrary networks //Proceedings of ACMSIAM Symposium on Discrete Algorithms (SODA), 2001: 661-670.

[50] Jain K, Vazirani V V. Approximation algorithms for metric facility location and k-Median problems using the primal-dual schema and Lagrangian relaxation. Journal of the ACM (JACM), 2001, 48(2):274-296.

[51] Wang F, Xu Y, Li Y X. A review of the discrete facility location problem. International Journal of Plant Engineering and Management, 2006, 11(1):40-50.

[52] Ilarri S, Mena E, Illarramendi A. Dealing with continuous location-dependent queries:just-in-time data refreshment //Proceedings of the First IEEE International Conference on Pervasive Computing and Communications, 2003: 279-286.

[53] Ilarri S, Mena E, Illarramendi A. Location-dependent queries in mobile contexts: distributed processing using mobile agents. IEEE Transactions on Mobile Computing. 2006, 5(8): 1029-1043.

[54] Gruteser M, Xuan L. Protecting privacy in continuous location-tracking applications. IEEE Security & Privacy Magazine, 2004, 2(2): 28-34.

[55] Hakimi S L. Optimum locations of switching centers and the absolute centers and medians of a graph. Operations Research, 1964, 12: 450-459.

[56] Erlenkotter D. A dual-based procedure for uncapacitated facility location. Operations Research, 1978, 26: 992-1009.

[57] Korkel M. On the exact solution of large-scale simple plant location problems. European Journal of Operational Research, 1989, 39: 157-173.

[58] Goldengorin B, Ghosh D, Sierksma G. Branch and peg algorithms for the simple plant location problem. Computers and Operations Research, 2003, 30: 967-981.

[59] Sridharan R. The capacitated plant location problem. European Journal of Operational Research, 1995, 87: 203-213.

[60] Holmberg M, Yuan D. An exact algorithm for the capacitated facility location problems with single sourcing. European Journal of Operational Research,1999, 113: 544-559.

[61] Van Roy T J. A cross decomposition algorithm for capacitated facility location. Operations Research, 1986, 34: 145-163.

[62] Wentges P. Accelerating benders decomposition for the capacitated facility location problem. Mathematical Methods of Operations Research, 1996, 44: 267-290.

[63] Chudak F A, Shmoys D B. Improved approximation algorithms for a capacitated facility location problem //Proceedings of the 10th Annual ACM-SIAM Symposium on Discrete Algorithms,1999: 875-886.

[64] Owen S H,Daskin M S. Strategic facility location:a review. European Journal of Operational Research, 1998, 11: 423-447.

[65] Xiang Z, Zhang Q, Zhu W, et al. Peer-to-peer based multimedia distribution service. IEEE Transactions on Multimedia, 2004,6(2): 343-355.

[66] Xu D, Hefeeda M, Hambrusch S, et al. On peer-to-peer media streaming //Proceedings of the 22th International Conference on Distributed Computing Systems, 2002,7: 363-371.

[67] 方炜，吴明晖，应晶，等. 基于P2P的流媒体应用及其关键算法研究. 计算机应用与软件，2005,22(5): 35-37.

[68] Tran D A, Hua K A, Do T. ZIGZAG: an efficient peer-to-peer scheme for media streaming. IEEE INFOCOM, 2003,4: 1283-1292.

[69] 冼伟铨，向哲，钟玉琢. 视频点播系统用户行为仿真平台. 系统仿真学报，2001,13(2): 221-223.

[70] 向哲，钟玉琢. 流调度算法验证平台的设计与实现. 小型微型计算机系统，2000, 21(12): 1237-1239.

[71] 朱强，韩丽茹，艾树峰. 流媒体调度仿真平台的系统模型设计. 电视技术，2006，46(1)：161-164.

[72] Abram-Profeta E L，Shin K G. Providing unrestricted VCR functions in multicast video-on-demand servers //Proceedings of IEEE International Conference on Multimedia Computing and Systems，1998，1：66-75

[73] Acharya S，Smith B，Parnes P，et al. Characterizing user access to videos on the World Wide Web //Proceedings of Multimedia Computing and Networking 2000，2000，1：130-141.

[74] Liu B，Zhang W，Yu S. Proxy caching based on segments for layered encoded video //Proceedings of the IEEE 6th Circuits and Systems Symposium on Emerging Technologies：Frontiers of Mobile and Wireless Communication，2004，1：41-44.

[75] Pan J Y，Hu B，Zhang J Q. Robust and accurate object tracking under various types of occlusions. IEEE Transactions on Circuits and Systems for Video Technology，2008，18(2)：223-236.

[76] Fransens R，Strecha C，Gool L V. A probabilistic approach to optical flow based super-resolution. IEEE Conference on Computer Vision and Pattern Recognition Workshop，2004：191-198.

[77] Wu Q Y，Cui H L，Du X F，et al. Real-time moving maritime objects segmentation and tracking for video communication. International Conference on Communication Technology，2006：1-4.

[78] Isard M，MacCormick J. BraMBLe：a Bayesian multiple-blob tracker，proceedings. Eighth IEEE International Conference on Computer Vision，2001，2：34-41.

[79] Dockstader S L，Tekalp A M . Multiple camera tracking of interacting and occluded human motion //Proceedings of the IEEE，2001，89(10)：1441-1455.

[80] Velipasalar S，Wolf W. Multiple object tracking and occlusion handling by information exchange between uncalibrated cameras. IEEE International Conference on Image Processing，2005，2:418-421.

[81] Zhang W，Wu Q M J，Yang X K，et al. Multilevel framework to detect and handle vehicle occlusion. IEEE Transactions on Intelligent Transportation Systems，2008，9(1)：161-174.

[82] Gentile C，Camps O，Sznaier M. Segmentation for robust tracking in the presence of severe occlusion. IEEE Transactions on Image Process，2004，13(2)：166-178.

[83] Kanhere N K，Pundlik S J，Birchfield S T. Vehicle segmentation and tracking from a low-angle off-axis camera. IEEE Computer Society Conference on Computer Vision and Pattern Recgnition，2005，2：1152-1157.

[84] Pang C C C，Lam W W L，Yung N H C. A novel method for resolving vehicle occlusion in a monocular traffic-image sequence. IEEE Transactions on Intelligent Transportation Systems，2004，5(3)：129-141.

[85] Song X F，Nevatia R. A model-based vehicle segmentation method for tracking. Tenth IEEE International Conference on Computer Vision，2005，2：1124-1131.

[86] Lou J G, Tan T N, Hu W M, et al. 3-D model-based vehicle tracking. IEEE Transactions on Image Process, 2005, 14(10): 1561-1569.

[87] Kamijo S, Matsushita Y, Ikeuchi K, et al. Traffic monitoring and accident detection at intersections. IEEE Transactions on Intelligent Transportation Systems, 2000, 1(2): 108-118.

[88] Veeraraghavan H, Masoud O, Papanikolopoulos N P. Computer vision algorithms for intersection monitoring. IEEE Transactions on Intelligent Transportation Systems, 2003, 4(2): 78-89.

[89] Jung Y K, Lee K W, Ho Y S. Content-based event retrieval using semantic scene interpretation for automated traffic surveillance. IEEE Transactions on Intelligent Transportation System, 2001, 2(3): 151-163.

[90] Yilmaz A, Xin L, Shah M. Contour-based object tracking with occlusion handling in video acquired using mobile cameras. IEEE Transactions on Pattern Analysis and Machine Intelligence, 2004, 26(11): 1531-1536.

[91] Nguyen H T, Smeulders A W M. Fast occluded object tracking by a robust appearance filter. IEEE Transactions on Pattern Analysis and Machine Intelligence, 2004, 26(8): 1099-1104.

[92] Yang M, Wu Y, Lao S H. Mining auxiliary objects for tracking by multibody grouping. IEEE International Conference on Image Processing. 2007, 3: 361-364.

[93] Yang M, Wu Y, Lao S H. Intelligent collaborative tracking by mining auxiliary objects. IEEE Computer Society Conference on Computer Vision and Pattern Recognition, 2006, 1: 697-704.

[94] Yang M, Wu Y, Hua G. Context-aware visual tracking. IEEE Transactions on Pattern Analysis and Machine Intelligence: Accepted for Future Publication, Volume PP, Forthcoming, 2008:1-15.

[95] Liu H, Zhang L, Yu Z, et al. Collaborative mean shift tracking based on multi-cue integration and auxiliary objects. IEEE International Conference on Image Processing, 2007, 3: 217-220.

[96] Collins R T, Liu Y X, Leordeanu M. Online selection of discriminative tracking features. IEEE Transactions on Pattern Analysis and Machine Intelligence, 2005, 27(10): 1631-1643.

[97] Mao K Z. Identifying critical variables of principal components for unsupervised feature selection. IEEE Transactions on Systems, Man, and Cybernetics, Part B, 2005, 35(2): 339-344.

[98] Lu H P, Plataniotis K N, Venetsanopoulos A N. MPCA: multilinear principal component analysis of tensor objects. IEEE Transactions on Neural Networks, 2008, 19(1): 18-39.

[99] Yeh Y J, Hsu C T. Online selection of tracking features using adaBoost //Proceedings of 16th International Conference on Computer Communications and Networks, 2007: 1183-1188.

[100] Wei F T, Chou S T, Lin C W . A region-based object tracking scheme using Adaboost-based feature selection. IEEE International Symposium on Circuits and Systems, 2008: 2753-2756.

[101] Serpico S B, Bruzzone L. A new search algorithm for feature selection in hyperspectral remote sensing images. IEEE Transactions on Geoscience and Remote Sensing, 2001, 39(7): 1360-1367.

[102] Yannakakis G N, Hallam J. Game and player feature selection for entertainment capture. IEEE Symposium on Computational Intelligence and Games, 2007: 244-251.

[103] Wang J Q, Yagi Y S S. Integrating color and shape-texture features for adaptive real-time object tracking . IEEE Transactions on Image Processing, 2008, 17(2): 235-240.

[104] Wu Y, Huang T S. Robust visual tracking by integrating multiple cues based on co-inference learning. International Journal of Computer Vision, 2004, 58(1): 55-71.

[105] Wang T, Diao Q, Zhang Y M, et al. A dynamic Bayesian network approach to multi-cue based visual tracking. The 17th International Conference on Pattern Recognition, 2004, 2: 167-170.

[106] Cheng M Y, Wang C K. Dynamic visual tracking based on multi-cue matching. The 4th IEEE International Conference on Mechatronics, 2007:1-6.

[107] Perez P, Vermaak J, Blake A. Data fusion for visual tracking with particles //Proceedings of the IEEE, 2004, 92(3): 495-513.

[108] Triesch J, Malsburg C. Self-organized integration of adaptive visual cues for face tracking. 4th IEEE International Conference on Automatic Face and Gesture Recognition, 2000:102-107.

[109] Yin Z Z, Collins R. Spatial divide and conquer with motion cues for tracking through clutter. IEEE Computer Society Conference on Computer Vision and Pattern Recognition, 2006, 1:570-577.

[110] Wang J Y, Chen X L, Gao W. Online selecting discriminative tracking features using particle filter. IEEE Computer Society Conference on Computer Vision and Pattern Recognition, 2005, 2: 1037-1042.

[111] Tsotsos J K. Motion understanding: task-directed attention and representations that link perception with action. International Journal of Computer Vision, 2001, 45(3): 265-280.

[112] Lee P S K, Kim G J, Choi P S M. Real-time tracking tracking of visually attended objects in interactive virtual environments //Proceedings of the 2007 ACM Symposium on Virtual Reality Software and Technology, 2007:29-38.

[113] Itti L, Koch C, Niebur E. A model of saliency-based visual attention for rapid scene analysis. IEEE Transactions on Pattern Analysis and Machine Intelligence, 1998, 20(11): 1254-1259.

[114] Aziz M Z, Mertsching B. Fast and robust generation of feature maps for region-based visual attention. IEEE Transactions on Image Processing, 2008, 17(5): 633-644.

[115] Shih H C, Hwang J N, Huang C L. Content-based attention ranking using visual and contextual attention model for baseball videos. IEEE Transactions on Multimedia, 2009, 11(2): 244-255.

[116] Siagian C, Itti L. Rapid biologically-inspired scene classification using features shared with visual attention. IEEE Transactions on Pattern Analysis and Machine Intelligence, 2007, 29(2): 300-312.

[117] Yun Z, Shah P M. Visual attention detection in video sequences using spatiotemporal cues //Proceedings of the 14th Annual ACM International Conference on Multimedia, 2006:815-824.

[118] Lee K W, Buxton H, Feng J F. Cue-guided search: a computational model of selective attention. IEEE Transactions on Neural Networks, 2005, 16(4): 910-924.

[119] Yaoru S, Fisher R. Object-based visual attention for computer vision. Artificial Intelligence, 2003, 146(1): 77-123.

第3章　基于代理缓存的流媒体动态调度算法

本章提出了一种基于代理缓存的流媒体动态调度算法 DS^2AMPC，由代理服务器通过单播连接从源服务器中获取流媒体数据，然后通过组播方式转发给客户端，同时根据当前客户请求到达的分布状况，代理服务器为后续到达的客户请求进行补丁预取及缓存。仿真结果表明，对于客户请求到达速率的变化，DS^2AMPC 算法比 P^3S^2A（Proxy-assisted Patch Pre-fetching and Service Scheduling Algorithm）算法和 OBP（Optimized Batch Patching）＋prefix&patch caching 算法具有更好的适应性，在最大缓存空间相同的情况下，能显著减少通过补丁通道传输的补丁数据，从而降低了服务器和骨干网络带宽的使用，能快速缓存媒体对象到缓存窗口，同时减少了代理服务器的缓存平均占有量。

在大规模的流媒体系统中，用户的点播往往集中于少数热门节目，这就使得合并用户服务、共享服务器和网络带宽等资源成为可能，于是流调度技术应运而生。

3.1 节对相关流媒体调度算法进行分析，尤其对它们的不足进行论述。3.2 节详细介绍一种新的流媒体调度算法 DS^2AMPC。3.3 节对算法进行仿真分析，表明 DS^2AMPC 算法比 P^3S^2A 算法和 OBP＋prefix&patch caching 算法具有更好的适应性。3.4 节总结全章，指出今后研究方向。

3.1　流媒体调度算法分析

典型的流调度算法可分为两类：静态调度算法和动态调度算法。静态调度算法采用服务器推模式，服务器不考虑用户动态行为而调度流，预留信道周期性广播视频文件，适用于分送最流行的媒体对象；动态调度算法采用客户端拉模式，媒体流的调度由用户请求驱动，服务器根据用户请求到达的情况动态选择相应的调度方案作出响应，使不同的用户尽可能共享同一个数据流，从而降低服务器带宽资源消耗。

静态调度算法主要包括金字塔算法[1]、摩天大楼算法[2]等。金字塔算法将节目划分为长度逐渐递增的若干片断，然后利用组播通道播放不同片断。为支持用户连续收看媒体流，金字塔算法要求用户在任意时刻必须从两个组播通道中接收数据。摩天大楼算法不采用倍数增加的方式切分节目片断，而设计了特定数列，再按照数列中的比例切分流媒体对象。以上算法不能根据用户请求到达情况作出动态调整,占有较多缓存。

动态调度算法主要包括Batching算法[3]、Patching算法[4,5]、Piggybacking算法[6]、OBP算法[7]、OBP+Prefix caching算法、OBP+prefix&patch caching算法[8,9]等。Batching算法将不同用户的请求绑定于一个组播流中,具有很好的带宽效率,但用户具有较大的平均响应延迟;Patching算法中,客户端接收正在组播的节目,同时用一个单播接收已播放的节目前缀。该算法有效地降低了服务器需要传输的完整流的个数,进一步节省了传输带宽,但随着请求到达率的增大所需的补丁通道个数迅速增大,导致较大的服务器负担;OBP算法结合了Batching算法和Patching算法的优点,降低了服务器网络带宽消耗,但在实践中依然会遇到很大困难,因为它依赖一个完全具有网络层组播能力的网络,而且要求客户端具备同时接收多个流的能力,客户端的启动延迟也较大。当网络规模较大时,缺乏足够的灵活性和可扩展性。Piggybacking算法改变相邻视频流的播放速率,让后面的流赶上前面的流,然后进行合并。该算法提高了系统资源的利用率,但调节用户的播放速率影响了用户对媒体节目的收看效果。OBP +Prefix caching算法在代理服务器中提前缓存流媒体对象的前缀部分[10],可以降低或消除客户端的启动延迟。以上算法在骨干网络带宽消耗、服务器负载方面都获得了较好性能,但没有考虑占流媒体对象大部分的后缀的缓存策略。对后缀的有效缓存不仅可以进一步降低骨干网络带宽消耗和服务器负载,而且能有效提高用户的QoS。OBP+prefix&patch caching算法将补丁数据也进行分段缓存,让不同批处理区间到达的客户可以共享一部分补丁块,从而获得更好的性能,但当客户对“热门”对象的访问请求强度很高时,该算法仍然需要消耗较高的骨干网络带宽。文献[11]提出了P^3S^2A调度算法,根据当前客户请求到达的分布状况,代理服务器为后续到达的客户请求进行补丁预取和缓存,特别是对于那些较流行的媒体对象,客户请求到达率很高时,效果更加明显,而在代理服务器缓存空间的消耗方面和OBP+prefix&patch caching算法基本相同。但它对每个流媒体对象都进行缓存,对那些很少被访问的媒体对象进行全部或者部分缓存都将造成代理服务器缓存效率的下降。P^3S^2A算法将客户对媒体对象的访问等同起来,只是考虑客户对媒体对象的访问频率,当客户对媒体对象的访问时间不同时,没有区别对待。为了避免这些情况,增加较流行媒体对象的缓存空间,更好地区分不同流行度的流媒体对象,本章提出了基于代理缓存的流媒体动态调度算法(DS^2AMPC)。

3.2 DS²AMPC 算法

为了便于分析，假定网络处于理想状态，没有抖动和传输延时；不失一般性，服务器到代理之间的网络只提供单播服务，而代理到客户之间支持 IP 组播服务，这样的域内组播更容易部署和管理；流媒体对象采用恒定位数率(Constant Bit Rate，CBR)编码，而且用户总是希望从头开始播放[11]。

DS²AMPC 算法是基于补丁预取的动态调度算法，它的基本思想是利用代理服务器在客户请求转交常规流数据时进行补丁预取并缓存，在缓存窗口 W 内，是否进行补丁预取取决于当前批处理区间内是否有客户请求到达以及代理是否已经缓存到 W。当客户播放完缓存在代理中的部分媒体对象而且代理没有缓存到 W 时，要从源服务器中提取相应补丁块。每次代理服务器预取的补丁块的数量根据预先定义的数据段大小来定，如图 3-1 所示。当客户请求到达速率较高时，补丁预存能够很快达到缓存窗口，最大化地利用缓存，可以明显降低通过补丁通道从源服务器提取的补丁数量，从而降低骨干网络负担及源服务器并发流的个数。

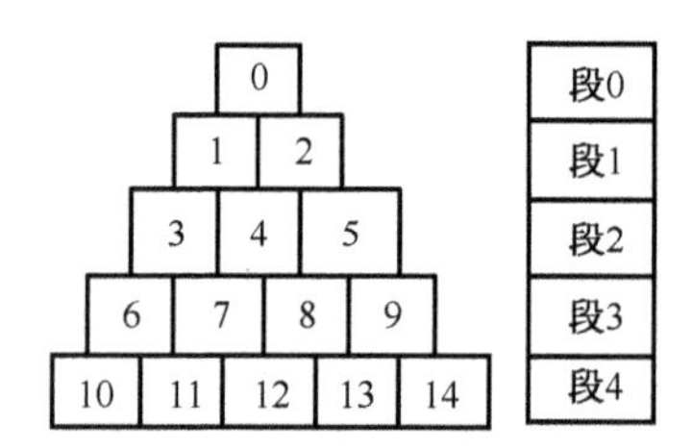

图 3-1 代理服务器中补丁预取的数据段

缓存在代理中的每个流媒体对象都要建立和保存一个叫媒体对象访问日志的数据结构，具体如下。

B：数据块长度，数据块表示传输的最小数据单位(时间长度表示)。

b：批处理间隔(时间长度表示)，$b=mB(m=1,2,\cdots)$。

P：媒体对象前缀部分(时间长度表示)。

T：媒体对象总长度(时间长度表示)。

L_s：第 s 段段长(时间长度表示)。

简单起见，设 $b=B,T=kb$，缓存窗口大小为 $W,W=mb(m=1,2,\cdots,k)$，m 的初始值为 $\left\lfloor \frac{k}{2} \right\rfloor$。

调度算法如图 3-2 所示，具体过程如下。

(1)假设第一个客户请求在 t_0 时刻到达，这时代理中只有缓存客户请求对象的前缀部分。对于第一个客户和到达时刻 $t\in[t_0,t_1]$的客户请求如 A，代理服务

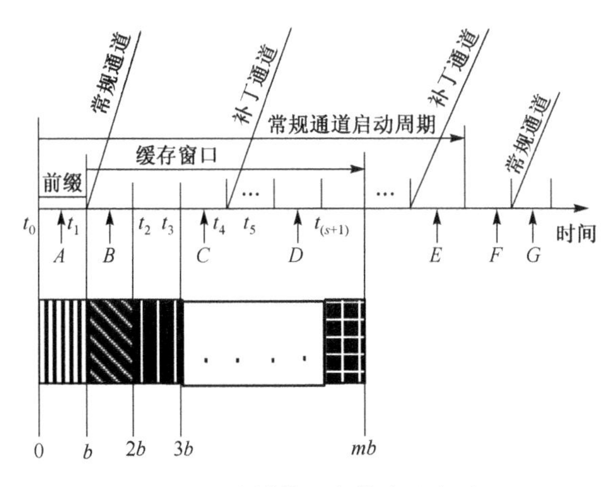

图3-2 流媒体调度策略示意图

器立即通过单播向每个客户传送媒体对象前缀部分 b。代理服务器将在 t_1 时刻请求源服务器通过单播信道开始传输常规流 $T-b$,同时代理预先分配一个长度为 L_0 的缓存空间,用于缓存即将到达的常规流的第一个数据段$[b,2b]$作为区间$[t_1,t_2]$到达客户请求的补丁块,实现补丁预取。常规流数据到达代理后,代理通过组播通道向客户转交。

(2)对于到达时刻 $t\in[t_1,t_2]$的客户请求如 B,代理服务器同样立即通过单播向每个客户传送媒体对象前缀部分 b。在 t_2 时刻,代理服务器预先分配一个长度为 L_1 的缓存空间,用于缓存$[2b,4b]$,作为下一个区间$[t_2,t_4]$内到达的客户请求的补丁;同时代理服务器在 t_2 时刻通过补丁通道向客户传输补丁数据,通过组播向客户转交常规流。系统运行到 t_3 时刻,代理服务器已经缓存了两个长度分别为 L_0、L_1 的补丁段。

(3)若在某个时间间隔内没有客户请求到达,则该区间为空区间,这时代理暂停分配缓存空间,同时缓存窗口减小一个 b。如果后面有客户到达,则那时要补上这部分。

(4)若在整个缓存窗口中没有出现空区间,对于到达时刻 $t\in[t_s,t_{s+1}]$ 的客户请求,代理服务器同样立即通过单播向每个客户传送媒体对象前缀部分 b,并在 t_{s+1} 时刻通过补丁通道向客户传输补丁数据。代理服务器在 t_{s+1} 时刻应该预分配一个长度为 L_s 的缓存空间,并缓存$[0,2(s+1)b]$,但前面的客户已经预缓存$[0,2sb]$,所以此时代理只要预分配 $2b$ 的空间,用于缓存$[2sb,2(s+1)b]$,作为以后区间到达的客户请求的补丁。客户需要在 t_{s+1} 时刻加入补丁通道,在 $t_{2(s+1)}$ 时刻加入常规通道。

(5)若客户到达的区间前面有多个连续空区间,则代理有可能缺失一定的补丁数据，在本区间结束时需要代理通过一个单播通道从源服务器中重新获取缺失的补丁数据，称为补丁服务，例如，在$[t_6, t_7]$区间到达的客户前面连续有三个空区间，则代理在t_7时刻需要分配四个数据块缓存$[6b, 8b]$，$[8b, 10b]$，$[10b, 12b]$，$[12b, 14b]$，其中，$[6b, 7b]$的数据块需要代理通过一个单播通道从源服务器中重新获取，称为补丁服务，$[t_6, t_7]$到达的客户请求将在t_{14}时间加入常规流中。

(6)重复步骤(3)～步骤(5)，直到缓存窗口边界。

(7)经过步骤(1)～步骤(6)后，如果在代理中已经缓存媒体对象的一部分，大小等于前面一个服务周期结束时缓存窗口的最终长度，后来的客户请求将开始一个新的服务周期，首先由代理向客户提供服务，在服务到缓存窗口边界时，需要代理通过一个单播通道从源服务器中获取媒体对象剩余部分$(T-W)$。

(8)经过一段时间，当客户对媒体对象的访问平稳时，可设代理缓存窗口$W=\left(\left|\frac{\mathrm{Lavg}}{b}\right|+1\right)b$。

当媒体对象的缓存窗口$W=0$时，代理中没有缓存该对象，DS²AMPC算法退化为带前缀缓存的批处理补丁算法；当$0<W<T$时，代理针对不同流媒体对象的流行度差异，自适应地改变其缓存窗口大小，有效地利用了代理缓存空间。在缓存补丁数据块的过程中，只有在窗口内出现较多连续空区间，并且空区间后面有客户请求到达时，代理才向源服务器提出补丁服务要求。当客户请求到达速率很高的时候，需要的补丁服务非常少。当$W=T$时候，经过一次高密度客户请求的常规通道启动周期，代理就可以独立为客户请求服务，不需要源服务器了。同时DS²AMPC算法包含多种流媒体调度算法特征：批处理($b>0$, $W=0$)、补丁($b=0$, $W>0$)、批处理补丁($b>0$, $W>0$)和P³S²A算法($L_s==1$)。

3.3 DS²AMPC算法性能分析

在DS²AMPC中，代理服务器利用前缀缓存并通过单播通道为每个客户请求传输媒体对象的前缀部分，从而减少了客户的启动延迟[12]，其余补丁数据和常规流数据都通过代理以组播的方式转发给客户。每次客户请求都使得已经缓存的时刻到请求区间结束时刻的距离逐渐增大，缓存越能较快地达到代理缓存窗口，越能充分利用代理缓存，提高了效率，如图3-3所示。如果在每个区间都有客户到达，在请求区间结束时刻，客户可以利用前面客户已经缓存的预取补丁，只要再预缓存2个b的补丁。

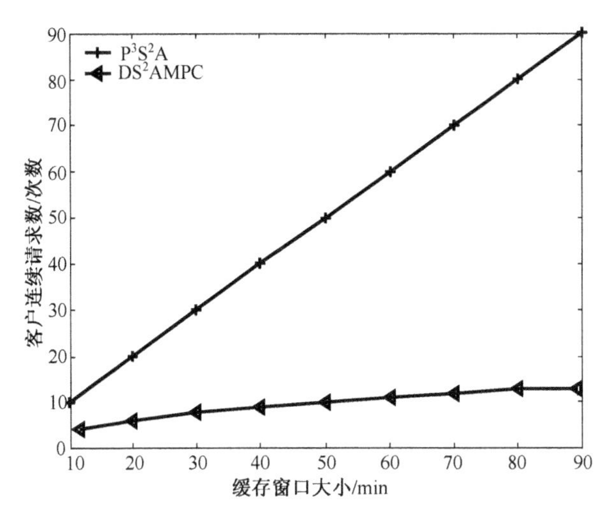

图 3-3　DS^2AMPC 算法与 P^3S^2A 算法的缓存速度对比

如图 3-3 所示，如果代理缓存窗口大小相同，每个区间都有客户到达时，DS^2AMPC算法可以比 P^3S^2A 算法更快地使代理缓存到整个缓存窗口，使后续的客户更好地利用缓存窗口里的数据。

设媒体对象播放的持续时间长度 $T=90\text{min}$，前缀长度 $P=1\text{min}$，批处理间隔 $b=1\text{min}$，常规通道启动周期为 $W+P$，媒体播放速率为 $r=1.5\text{Mbit/s}$（在 MPEG-1 标准下），u 是需要启动补丁通道重传的部分，则骨干链路的归一化带宽（服务器平均并发流个数）为 $R/r=[u+(T-P)]/(W+P+1/\lambda)$，其中，$\lambda$ 是请求到达速度；R 表示源服务器输出链路的平均传输带宽（即骨干链路的平均传输速率）；代理服务器的缓存平均占用量为 $S=Pr+(u+u_1)r$，其中，u_1 表示从常规通道中预取的补丁，$u_1=b+(W-b)(1-Pr)$。图 3-4～图 3-6 分别给出了应用不同算法情况下的补丁传输量、骨干链路的归一化带宽以及代理服务器缓存平均占用量与窗口 W 之间的关系。

图 3-4(a)～图 3-4(d)分别显示 OBP＋prefix&patch caching 算法、P^3S^2A 算法和 DS^2AMPC 算法在不同客户请求强度下通过补丁通道传输补丁数量的比较。前两种算法的补丁传输量都随 W 变大而增加，其中，OBP＋prefix&patch caching 算法增加更快，变化最慢的是 DS^2AMPC 算法。

图 3-5(a)～图 3-5(d)分别显示 OBP＋prefix&patch caching 算法、P^3S^2A 算法和 DS^2AMPC 算法在不同客户请求强度下消耗的骨干链路带宽。三种算法的骨干链路消耗的带宽都随缓存窗口增大而减少，但显然 DS^2AMPC 算法减少得更快，OBP＋prefix&patch caching 算法减少得最慢。

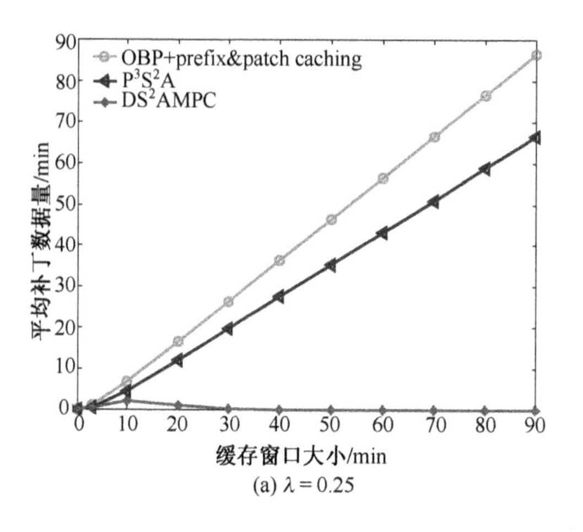

(a) $\lambda=0.25$

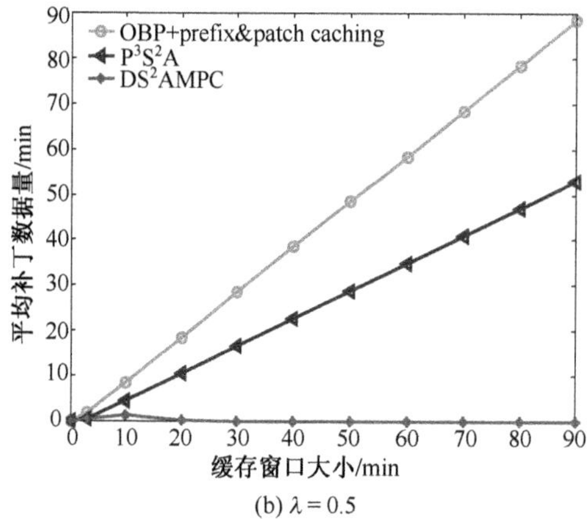

(b) $\lambda=0.5$

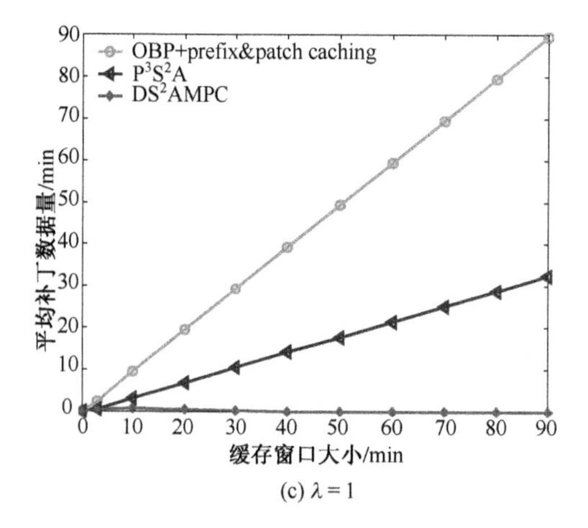

(c) $\lambda=1$

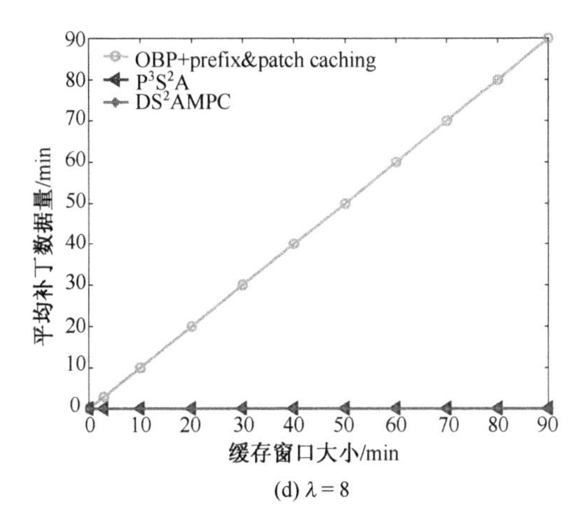

(d) $\lambda = 8$

图 3-4　补丁传输量和窗口 W 的关系

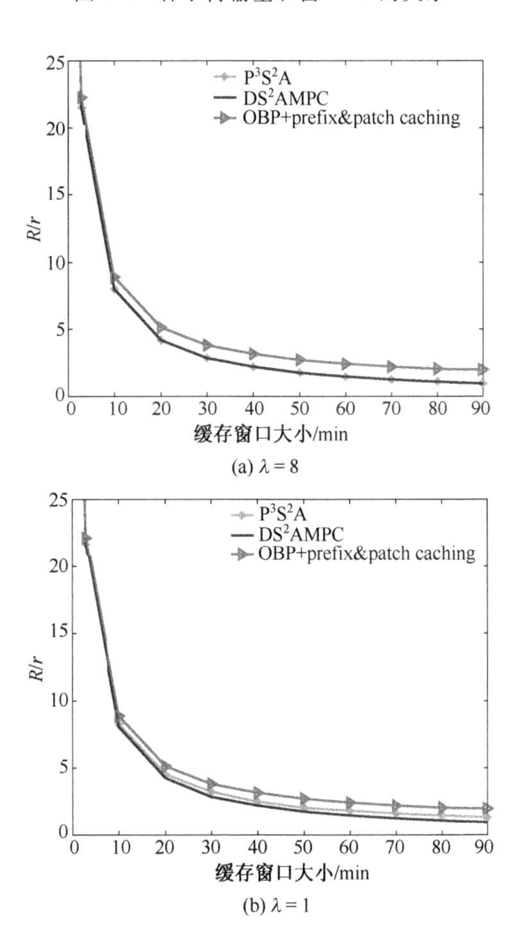

(a) $\lambda = 8$

(b) $\lambda = 1$

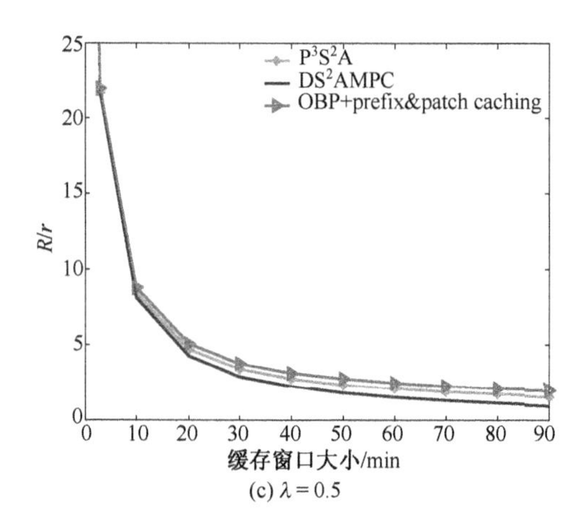

(c) $\lambda=0.5$

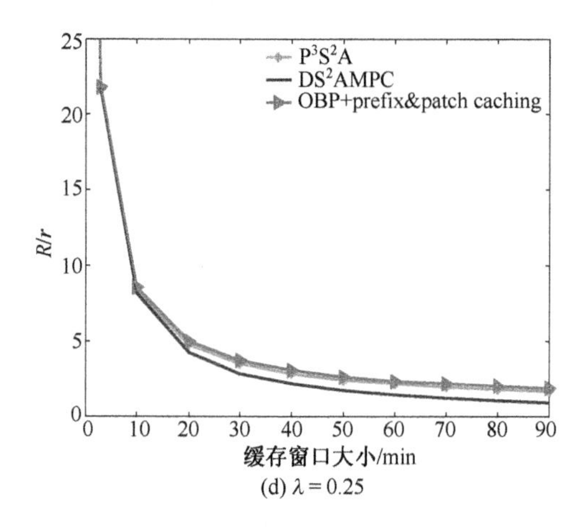

(d) $\lambda=0.25$

图 3-5　骨干链路归一化带宽和窗口 W 关系

图 3-6(a)～图 3-6(d)分别是三种算法在不同客户请求强度下所需要的代理平均缓存空间的对比。平均缓存空间都随 W 线性增长，其中，DS^2 AMPC 算法增长最慢，OBP＋prefix&patch caching 算法和 P^3S^2 A 算法比较接近。当 $\lambda=8$ 时，三者已经基本重合。

图 3-7 是 DS^2 AMPC 算法在不同客户请求强度下，所需要的代理平均缓存空间的对比。可以看出，随着缓存窗口的增加，需要的代理平均缓存空间也增加。客户请求强度越大，所需的平均缓存空间也越大。

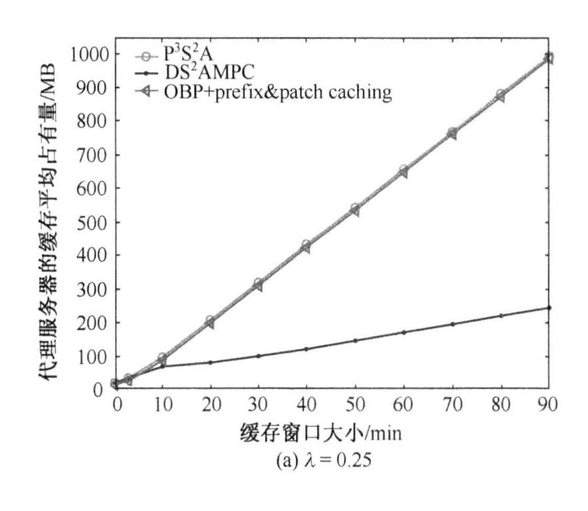

(a) $\lambda=0.25$

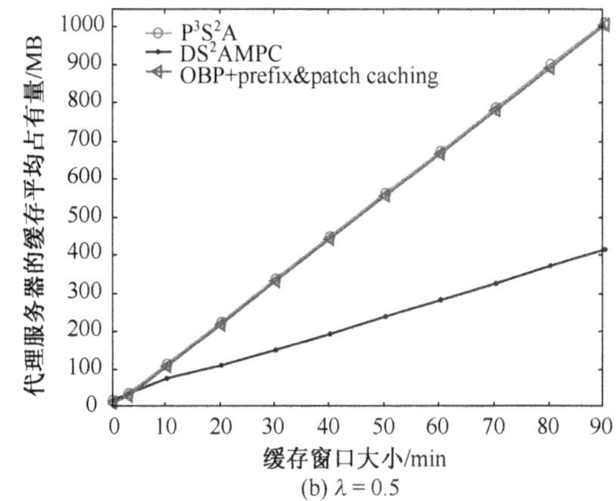

(b) $\lambda=0.5$

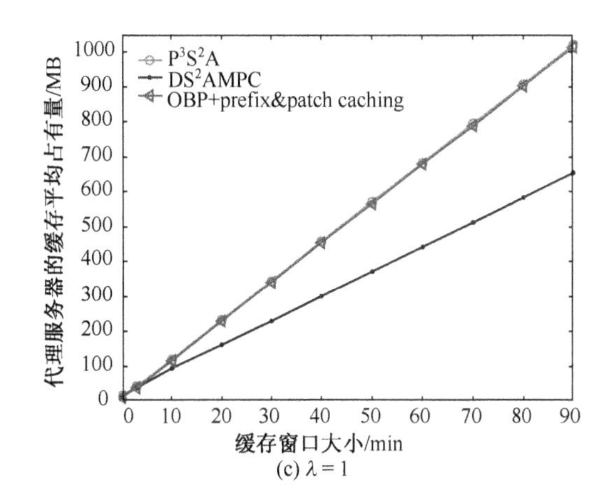

(c) $\lambda=1$

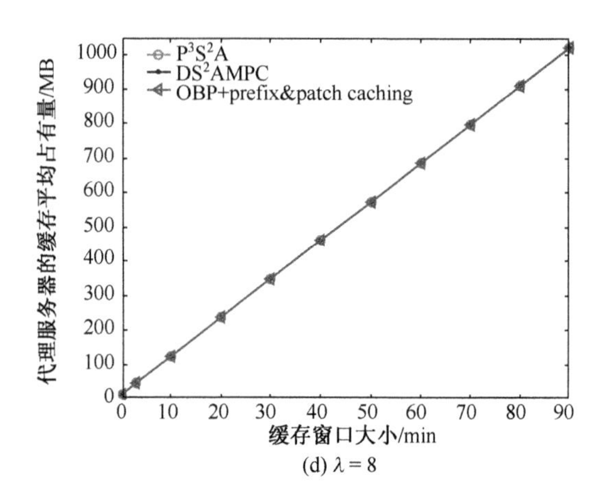

(d) $\lambda=8$

图 3-6　代理服务器的缓存平均占有量的对比

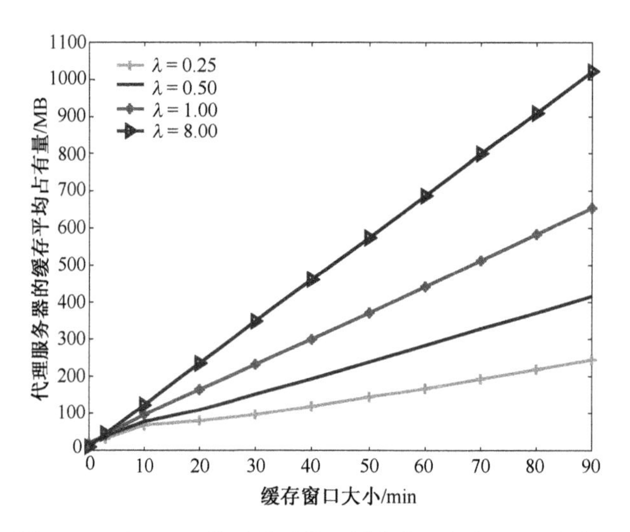

图 3-7　DS² AMPC 算法所需代理缓存占用与窗口 W 的关系

3.4　小　　结

在流媒体分送系统中,流媒体的传输调度算法非常重要。为了提高流媒体分送系统的效率,节省网络带宽,本章根据用户对流媒体对象的访问行为,提出了DS² AMPC 调度算法,在代理缓存中根据客户请求情况,每次分配不同大小的缓存段,实现基于常规流的补丁预取和缓存,同时隔一段时间更新一次缓存窗口大小,根据媒体流行度动态决定其最大缓存大小,尽量拖延了加入常规流的时间,这样不但降低了补丁块传送的数量,从而降低了骨干网络带宽的消耗和流媒体服务器的负担，而且在少量客户请求时，能够节省代理缓存。仿真分析表明，DS^2AMPC 算法比 P^3S^2A 算法和 OBP+prefix&patch caching 算法具有更好的性能，但是在客户请求相对较少的情况下，DS^2AMPC 算法有可能在某一时刻占有多一些的代理缓存，但经过一段时间的缓存窗口自动调整，这种情况会有很大改善，考虑目前缓存成本，DS^2AMPC 算法还是具有非常大的实际用途。另外，用户非常需要流媒体系统提供 VCR-like 功能，下一步的工作是探讨如何在 DS^2AMPC 算法的基础上实现 VCR-like 功能。

参考文献

[1] Viswanathan S, et al. Pyramid broadcasting for video on demand service. IEEE Multimedia Computing and Networking Conference, San Jose, 1995.

[2] Kien A H, et al. Skyscraper broadcasting: a new broadcasting scheme for metropolitan video-on-demand system. ACM SIGCOMM Conference, Cannes, 1997.

[3] Dan A, et al. Scheduling policies for an on-demand video server with batching. ACM Multimedia, San Francisco, 1994.

[4] Cai Y, et al. Optimizing patching performance //Proceedings of Multimedia Computing and Networking, San Jose, 1999.

[5] Hua K A, Cai Y, Sheu S. Pathing: a multicast technique for true video-on-demand services //Proceedings of ACM Multimedia, 1998:191-200.

[6] Golubchik L, et al. Adaptive piggybacking: a novel technique for data sharing in video-on-demand storage servers. ACM Multimedia Systems, 1996.

[7] White P P, Crowcroft J. Optimized batch patching with classes of service. ACM of the Communications, 2000, 30(4):21-28.

[8] Verscheure O, Venkatramani C, Frossard P, et al. Joint server seheduling and proxy caching for video delivery. Computer Communications, 2002,25(4):413-423.

[9] Frossard P,Verscheure, O. Batch patch caching for streaming media. IEEE Communications Letters, 2002, 6: 159-161.

[10] Sen S, Rexford J,Towsley D. Proxy prefix caching for multimedia streams //Proceedings of IEEE Infocom'99, 1999, 3:1310-1319.

[11] 覃少华，李子木，蔡青松，等. 基于代理缓存的流媒体动态调度算法研究. 计算机学报，2005, 28(2):185-194.

[12] Chesire M, Wolman A,Voelker G M,et al. Measurement and analysis of a streaming media workload //Proceedings of the Third USENIX Symposium on Internet Technologies and Systems, 2001.

第 4 章　基于段流行度的流媒体代理服务器缓存算法

本章提出了一种基于段流行度的流媒体代理服务器缓存算法 P^2CAS^2M，根据非交互式媒体对象段流行度，实现了代理服务器缓存的接纳和替换，使流媒体对象在代理服务器中缓存的数据量和其流行度成正比，并且根据客户平均访问时间动态决定该对象缓存窗口大小。仿真结果表明，对于代理服务器缓存大小的变化，P^2CAS^2M 算法比 A^2LS 算法（Adaptive and Lazy Segmentation Algorithm）具有更好的适应性，在缓存空间相同的情况下，能够得到更大的被缓存流媒体对象的平均数，更小的被延迟的初始请求率，降低了启动延时，而字节命中率接近甚至超过 A^2LS 算法。

流媒体服务器和流媒体代理服务器是提供流服务的关键平台，是流媒体系统的核心设备。流媒体服务器一般处于 IP 核心网中，用于存放流媒体文件，响应用户请求并向终端发送流媒体数据。流媒体代理服务器位于网络的边缘，靠近用户，如图 4-1 所示。特别是在无线应用环境中，无线信道并不稳定，3G 客户端资源有限，流媒体代理服务器的作用显得尤其重要，因此针对流媒体代理服务器有大量的研究，代理服务器缓存算法是其中的热点。

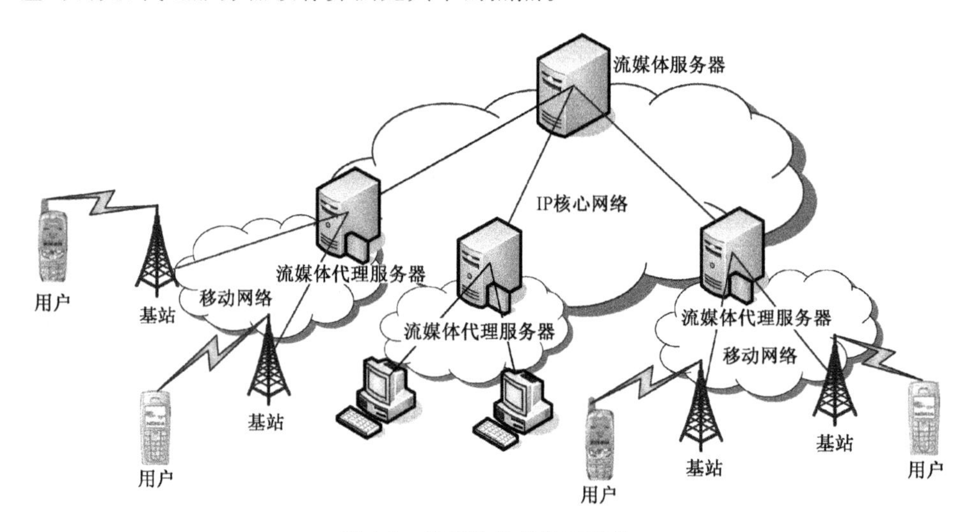

图 4-1　流媒体分发体系结构

4.1节对相关缓存算法进行了分析，重点指出了它们的不足。4.2节详细介绍一种新的基于段流行度的流媒体代理服务器缓存算法 P^2CAS^2M。4.3节进行仿真实验，得出以下结论：对于代理服务器缓存大小的变化，P^2CAS^2M 算法比 A^2LS 算法具有更好的适应性，在缓存空间相同的情况下，能够得到更大的被缓存流媒体对象的平均数，更小的被延迟的初始请求率，降低了启动延时，而字节命中率接近甚至超过 A^2LS 算法。4.4节总结全章，指出今后的研究方向。

4.1 流媒体代理服务器缓存算法

传统的缓存算法，典型的有 LFU(Least Frequency Used)[1]、LRU(Least Recently Used)[2]、LRU-K[3]等，这些算法以访问频率或最近访问时间判断数据的冷热程度，从而决定缓存的替换。LFU 算法总是替换出使用频率最小的对象，认为对象的使用频率越高，未来的使用价值越大，但 LFU 算法存在缓存污染的问题(过去曾多次使用的对象即使不再使用仍占据缓存空间)[4]。LRU 算法总是替换最长时间没被使用的对象，但 LRU 算法存在长环模式问题(由于缓存大小小于对象的重用模式长度，存在对象刚被替换出缓存又被请求使用的情况)[4]。而 LRU-K 算法将访问频率和访问的最近性综合到效用函数的设计中，虽然取得了较好性能，但也同时存在 LRU 算法和 LFU 算法的缺点。

文献[5]提出 A^2LS 算法，尽可能延迟媒体对象的分段，分段长度由客户访问行为决定，另外根据文献中提出的效用函数，媒体对象段能够被自适应地接纳和替换，但是文献[5]提出的效用函数没有考虑媒体对象段与媒体对象初始位置的距离，因为媒体对象最后部分通常具有最少价值，段缓存的优先权随着该段与媒体对象初始位置的距离成单调减[6]，距离媒体对象开始位置越近的段，被访问的频率越高。另外，A^2LS 算法对于第一次被访问的媒体对象，都是全部缓存到代理中，这样造成一定盲目性，有可能频繁缓存或者替换某些媒体对象。还有 A^2LS 算法虽然尽可能延迟分段，但一旦分段，其每个段长度就固定，不能根据客户访问行为进行改变，很有可能造成该分段长度不适应客户的请求。为此，本章提出新的非交互式媒体对象段流行度概念，简称段流行度，充分考虑了 A^2LS 算法的不足。

4.2 新的缓存算法 P^2CAS^2M

将整个文件都缓存而且保持和源服务器一致，这种方法很适合文本和图像文件，但是对于媒体文件如视频和音频，缓存整个文件并不适合。在代理缓存有限的情况下,不可能对所有的流媒体对象都进行整体缓存。根据用户对流媒体对象的访问行为[7],在一个流媒体服务系统中,80%的用户请求访问的是20%的媒体对象,即在一段时间里大量用户请求都集中在少量比较流行的媒体对象上。同时媒体对象的被访问特征通常是动态变化的,媒体对象的流行度随时间而变化,例如,有的媒体对象开始时很流行,大多客户都访问整个媒体对象,随时间推移,访问这些媒体对象的客户请求将减少,访问它们后部分数据的请求也会更少。这就要求代理缓存要根据具体情况进行动态接纳和替换。

P^2CAS^2M 算法包括代理服务器缓存接纳算法(Proxy Caching Admission Algorithm for Streaming Media,PCA^2MS)和代理服务器缓存替换算法(Proxy Caching Replacement Algorithm for Streaming Media,PCRAMS)两方面。

设数据块表示传输的最小数据单位,段由不同个数的数据块构成,流媒体对象由若干段构成。

缓存在代理中的每个流媒体对象都要建立和保存一个称为媒体对象访问日志的数据结构,包含以下参数。

(1)T_{first}:媒体对象第一次被访问的时间。

(2)T_{last}:媒体对象最近一次被访问的时间,当媒体对象第一次被访问时,$T_{\text{first}}=T_{\text{last}}$。

(3)T_{sum}:媒体对象被访问的总长度(时间长度)。

(4)N:媒体对象被访问的次数。

(5)L_s:每段段长(时间长度)。

(6)T:媒体对象总长度(时间长度)。

(7)B:每个数据块长度(时间长度)。

(8)prefix:媒体对象前缀部分(时间长度)。

(9)CachedSegmentNumber:媒体对象被缓存的段数。

(10)Flag:媒体对象是否被完全缓存(1表示被完全缓存,0表示被部分缓存)。

设缓存窗口大小为 W,流媒体代理服务器缓存大小为 Proxycachesize,W 的初始值为 T/integer(其中,integer=1,2,3,4,…),本章取 integer=2。在某时刻 t,$L_{\text{avg}}=T_{\text{sum}}/N$ 表示该时刻统计的每次平均访问媒体对象的长度(时间长度),L_{avg} 可以隔一段时间统计一次,例如,每隔 nT 时间($n=\cdots,1/4,1/3,1/2,1,2,3,\cdots$)或者每次有客户访问时统计一次。在代理中每次缓存是以相应的段的大小为单位,每个段包含 N_s 个数据块,$L_s=N_sB$,设段的序号为 s,则 $s=N_s(s>0)$。第1段有1个块,第2个段有2个块,第3个段有3个块,段的序号就是这个段包含的数据块的数目,如图4-2所示。一个段的大小和段的位置有密切关系,距离媒体对象初始位置越远的段越大,这是由于为了响应客户请求,总是从媒体对象初始部分顺序播放,媒体对象初始部分被访问更频繁,此外,这也减少了缓存管理负担,避免缓存中的段数过多。

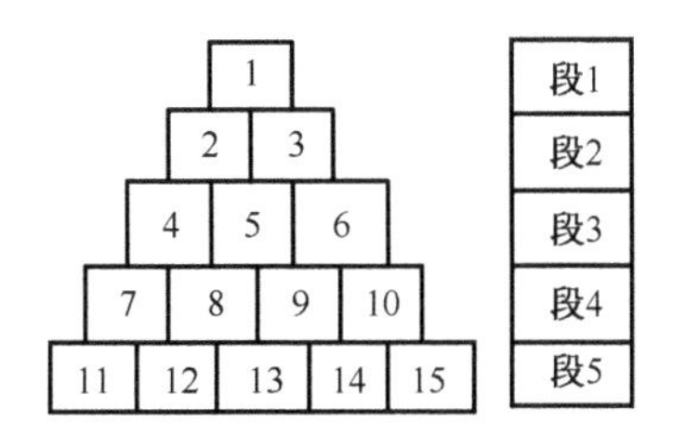

图 4-2　流媒体分段

4.2.1　缓存接纳算法

缓存接纳算法 PCA^2MS 事先将媒体服务器中的所有流媒体对象的前缀 prefix 缓存到代理服务器中,前缀 prefix 的大小可根据媒体服务器与代理之间的网络状况设置[6],这样当有客户请求时,代理可以立即向客户发送媒体对象前缀,减少媒体对象播放延时。因为前缀 prefix 的数据量一般不是很大,又能减少播放延迟,所以前缀 prefix 不参加 4.3.2 节的缓存替换。本章对媒体对象前缀以后的部分统称为后缀。设 prefix$=\beta B$,($\beta>0$),那么 $\frac{\beta}{\rho}>\phi$,其中,ϕ 是媒体服务器和代理之间最长的延时时间;ρ 是单位时间内流媒体播放的数据块的数目,单位是 blocks/s,要求代理服务器的缓冲大小至少是 prefix · Number(Number 是代理需要缓存的流媒体对象的总数)。

每个客户请求到达时,代理都要执行如下 PCA^2MS 算法。

(1)如果某个被访问媒体对象没有访问日志,即它是第一次被访问,假定代理知道这个媒体对象的长度[5],通过 4.3.2 节描述的流媒体替换算法,有足够的缓存空间被分配,被访问的对象随后被缓存大小为 W 的数据(W 初始值是被访问媒体对象的一半,隔一段时间,如果有用户请求过该媒体对象,则统计 L_{avg},这时如果 $L_{avg}<T/2$,使 $W=2L_{avg}$,如果 $L_{avg}>T/2$,使 $W=L_{avg}$),同时建立该媒体对象的访问日志,开始记录它被访问的历史,以后要根据被访问情况对这个日志进行不断更新。

(2)如果被访问媒体对象有访问日志,即它以前曾被访问过,而且访问日志指示媒体对象已经被完全缓存到代理中,这时不需要缓存接纳,同时更新该媒体对象的访问日志。

(3)如果被访问媒体对象有访问日志,即它以前曾被访问过,但访问日志指示媒体对象没有被完全缓存,如果平均访问时间已经增加,代理中缓存的该媒体对象的段已经不能满足用户对该媒体对象的大多数请求，因此对于这个媒体对象，需要考虑接纳下一个没有被缓存到代理中的该媒体对象分段，但是，这个没被缓存的段能否最终被缓存由替换算法决定[5]。

4.2.2 缓存替换算法

使用代理服务器的代价是需要在代理服务器上复制数据，而选择恰当的替换算法就尤其重要，代理中一旦没有可用的缓存，就要应用缓存替换算法PCRAMS。PCRAMS算法基本思想如下。

(1)当第一次访问某媒体对象时，计算每个流媒体对象的被缓存的最后段的流行度值，在当时没有被客户请求的媒体对象中选择流行度值最小的媒体对象段，替换该段，然后再替换流行度值次小的段，直到有足够的缓存空间。

(2)当被访问媒体对象以前曾经被访问过，如果这个被访问对象的第一个没被缓存的段的流行度大于已缓存在代理中的最小流行度的段，则替换后者，如果这个被访问对象的第一个没被缓存的段的流行度大于已缓存在代理中的流行度值次小的段，则替换这个流行度次小的段，直到有足够的缓存空间或者放弃缓存。

本章定义的非交互式媒体对象流行度函数为

$$\text{popularity}=\frac{\dfrac{T_{\text{sum}}}{T_{\text{last}}-T_{\text{first}}}\text{Min}\left\{1,\dfrac{(T_{\text{last}}-T_{\text{first}})/N}{T_{\text{c}}-T_{\text{last}}}\right\}}{H} \tag{4-1}$$

非交互式媒体对象段流行度函数为

$$U=\text{popularity}\cdot\frac{1}{D(s)} \tag{4-2}$$

式(4-1)和式(4-2)中，T_{c}表示当前时间；H是当前代理中某个媒体对象被缓存的数据量，即磁盘存储成本；$D(s)$是该媒体对象在缓存中最后段s的距离函数，s越大，$D(s)$越大，本章取$\log(s)$[6]；$\text{Min}\left\{1,\dfrac{(T_{\text{last}}-T_{\text{first}})/N}{T_{\text{c}}-T_{\text{last}}}\right\}$表示以后访问的可能性。缓存流行度函数对于缓存字节命中率等性能指标有很大的影响。

假设第s_x段是流媒体对象x在缓存窗口内但未被缓存的第一个段，第j_x段是流媒体对象x的被缓存的最后段，U_{y_x}表示流媒体对象x的第y段的流行度。

PCRAMS算法的伪代码如下：

```
while(代理没有完全缓存流媒体对象 i 的缓存窗口 W 中的段){
    while(没有足够空间缓存流媒体对象 i 的第 s 段){
        查找目前没有被客户请求的流媒体对象集，而且该对象集中的对象已经至少被客户请求 2 次，并且该对象被缓存的段数大于 1，作为可以替换的流媒体对象的候选集合；
```

```
        if(候选集合是非空){
            在可替换流媒体候选集合中找到适当流媒体 Q,它的被缓存的最后段 j 的流
            行度值最小;
            if(流媒体对象 i 是第一次被客户请求)
                释放流媒体 Q 的最后段 j,增加空闲空间;
            else {
                if( U_{j_Q} < U_{s_i} )
                    释放流媒体 Q 的被缓存的最后段 j,增加空闲空间;
                else
                    不能缓存流媒体 i 的第 s 段,结束 PCRAMS 算法;
            }
        }
        else            //候选集合是空
            不能缓存流媒体 i 的第 s 段,结束 PCRAMS 算法;
    }
        if(有足够空闲空间缓存流媒体 i 的第 s 段){
            缓存流媒体 i 的第 s 段;
            s=s+1;//准备缓存下一个段
        }
}
```

当某媒体对象被客户第一次访问时,PCRAMS 算法设这时缓存窗口大小是该媒体对象大小的一半,并且替换相应的其他媒体对象,尽可能使这个第一次被访问的媒体对象能够被缓存一半。因为某媒体对象被第二次访问时,其流行度值是无效的,所以 PCRAMS 算法在选择可以替换的流媒体对象的候选集合时,要求被替换的媒体对象至少已经被访问 2 次,即 T_{last}、T_{first}、T_c 三者互不相等;对于不是第一次或者第二次被客户请求的媒体对象 i 的第 s 段,如果它的流行度比在可替换流媒体候选集合中拥有最小流行度值的媒体对象 Q 大,则替换媒体对象 Q 的最后段,如果累计被替换的缓存空间达到媒体对象 i 的第 s 段的大小,那么就可以缓存媒体对象 i 的第 s 段,否则不能缓存。一个被缓存过的媒体对象被替换以后,又可能被客户请求,为此,本章要求一旦一个媒体对象被缓存过,它的后缀的第一个段不能被替换,这样其流行度仍然有效,同时系统要保存所有被缓存过的媒体对象的访问日志,如果没有保存,当这个被替换的媒体对象又被访问时,就不能区别它是否是第一次被客户请求,因为媒体对象随着时间的发展,其流行度趋于逐渐减少,如果系统又把它当做被第一次访问的情况对待,将导致缓存空间较低效率的使用[5]。

4.3 仿真实验

所谓字节命中率是用户从高速缓存的代理服务器中获取对象的平均字节数和从原始服务器获得的全部对象的平均字节数的比值,字节命中率越高,到源服务器的骨干网络流量就越低。被延迟的初始请求率是因为被请求对象的初始部分没有缓存到代理服务器,而被延迟的请求和总请求的比值,它用来评价客户可感觉的初始延迟程度,被延迟的初始请求率越低,客户越不容易感觉到初始的延迟;每单位时间平均被缓存的对象数是在单位时间内,被全部或者部分缓存的媒体对象的平均数,它用来评价对于大量媒体对象,是否有利于缓存它们的初始段,或者对于少量媒体对象,是否有利于缓存它们的流行段[5]。本章就从这三方面比较 P^2CAS^2M 算法和 A^2LS 算法,为了在相同条件下比较二者区别,本章假定 A^2LS 算法的替换策略也是要求被替换的媒体对象至少已经被访问 2 次,即 T_{last}、T_{first}、T_c 三者互不相等,如果代理服务器没有空闲的缓存空间,而被缓存的媒体对象又都是只被访问一次,则被请求的新媒体对象不能被缓存,这是因为如果被缓存的媒体对象都是被访问一次,每个媒体对象日志的 $T_{last}=T_{first}$,效用函数失效,而缓存又较小时,无法进行替换。本章将改正后的 A^2LS 算法称为伪 A^2LS 算法。

设流媒体服务器包含 100 个 CBR 流媒体对象,其访问概率服从参数 $\theta=0.271$的 Zipf 分布[8],流媒体采用 MPEG-1 编码(传输速度为 1.5Mbit/s),长度均匀分布在 600～1000MB 且播放时长为 90min,播放结束位置均匀分布且不考虑 VCR 操作的影响[4],客户请求到达服从平均速度为 $\lambda=10$ 次/min(客户请求强度较低时)或者 $\lambda=60$ 次/min(客户请求强度较高时)的泊松过程,全部请求数为 3000 个或者 18000 个(全部请求在 300 min 内),设 $B=6\text{s}$,$\text{prefix}=4B$。仿真实验环境如表 4-1 所示。

表 4-1　仿真实验环境

CPU	内存	硬盘	操作系统	仿真工具
P4 1.8GHz	256MB	30GB	Windows XP	MATLAB 5.5

图 4-3(a)和图 4-3(b)分别显示在不同客户请求强度下,P^2CAS^2M 算法和伪 A^2LS 算法的字节命中率。两种算法的字节命中率都随代理缓存的变大而增加,当代理缓存空间是全部媒体对象总文件的 0%～50%时,P^2CAS^2M 算法的字节命中率明显比伪 A^2LS 算法高,当代理缓存空间是全部媒体对象总文件的 50%～100%时,两种算法已经非常接近。

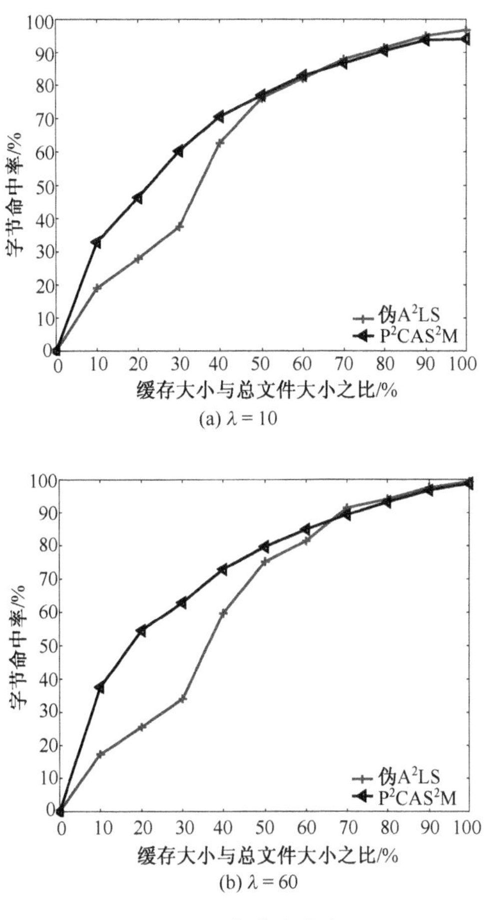

图 4-3　字节命中率

图 4-4(a)和图 4-4(b)分别显示在不同客户请求强度下，P^2CAS^2M 算法和伪 A^2LS 算法的被延迟的初始请求率。伪 A^2LS 算法的被延迟的初始请求率随代理缓存的变大而减少，在 P^2CAS^2M 算法中，每个媒体对象的前缀都固定缓存在代理中，所以不存在被延迟的初始请求率。

图 4-5(a)和图 4-5(b)分别显示在不同客户请求强度下，P^2CAS^2M 算法和伪 A^2LS 算法的被缓存的平均对象数。伪 A^2LS 算法的被缓存的平均对象数随代理缓存的变大而增加，在 P^2CAS^2M 算法中，每个媒体对象的前缀都固定缓存在代理中，所以其被缓存的平均对象数固定是 100。

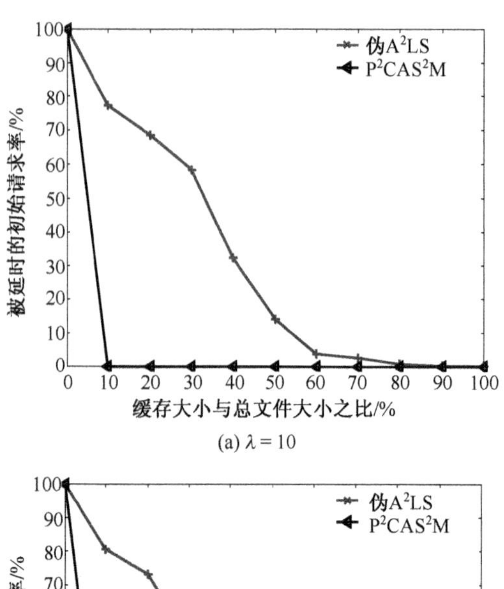

(a) $\lambda = 10$

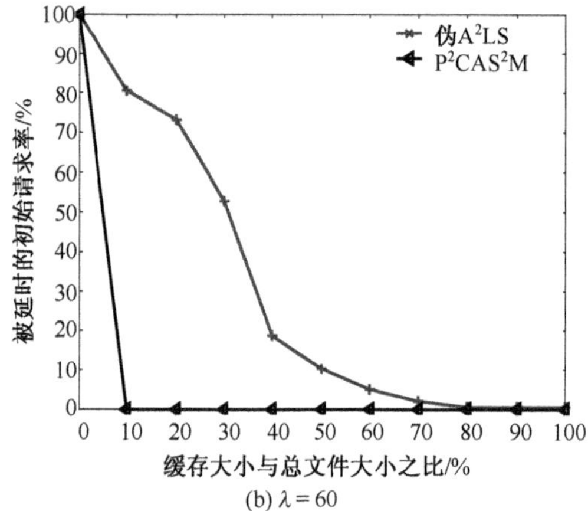

(b) $\lambda = 60$

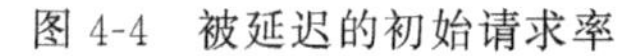
图 4-4 被延迟的初始请求率

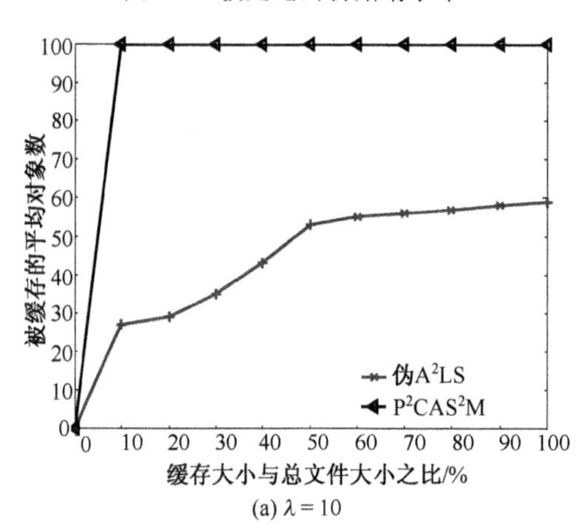

(a) $\lambda = 10$

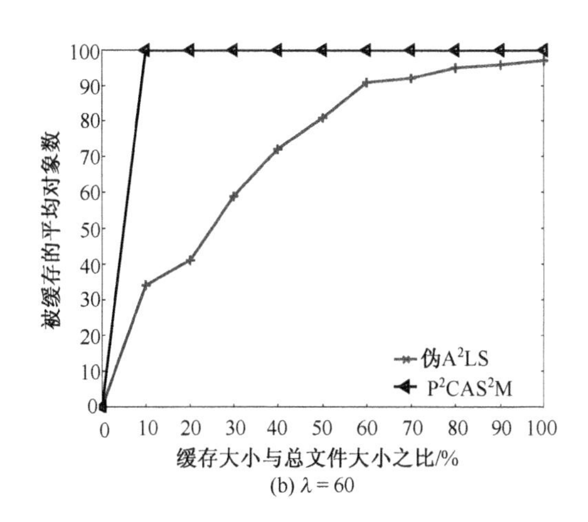

(b) $\lambda=60$

图4-5　被缓存的平均对象数

4.4　小　　结

在流媒体分送系统中，如果客户终端资源非常有限，代理服务器缓存算法将更加重要。为了提高流媒体分送系统的效率，节省网络带宽，本章根据非交互式媒体对象段流行度提出了 P^2CAS^2M 算法，使流媒体对象在代理服务器中缓存的数据量和其流行度成正比，仿真结果表明，对于代理服务器缓存大小的变化，P^2CAS^2M算法比 A^2LS 算法具有更好的适应性。因为目前4G在中国没有被大规模商用，将 P^2CAS^2M 算法应用到杨波等提出的流媒体缓存体系结构中[9]仍具有非常大的现实意义。但是，在 P^2CAS^2M 算法中，当替换相应媒体对象所带来的代理服务器的空闲空间小于将要缓存的媒体对象段时，新的段没有被缓存进代理服务器，原来的文件又被替换掉，这时代理服务器的整体效用将下降，下一步是如何在 P^2CAS^2M 算法的基础上解决这个问题。另外，不同客户群体对流媒体质量的要求也不同，甚至差别很大，体现在代理服务器缓存上，就是如何根据不同用户要求，对不同媒体对象区别对待，这也是下一步需要考虑的问题。

参 考 文 献

[1] Robinson J T, Devarakonda M V. Data cache management using frequency-based replacement //Proceedings of SIGMETRIC on Measuring and Modeling of Computer Systems, Boulder, 1990:134-142.

[2] Alghazo J, Akaaboune A, Botros N. SF-LRU cache replacement algorithm. Records of

The 2004 International Workshop on 9-10，2004：19 -24.

[3] Seung W S，Ki Y K，Jong S J. LRU based small latency first replacement (SLFR) algorithm for the proxy cache //Proceedings of IEEE International Conference on Web Intelligence，2003:499- 502.

[4] 肖明忠，李晓明，刘翰宇，等. 基于流媒体文件字节有用性的代理服务器缓存替代策略. 计算机学报，2004，27(12):1633-1641.

[5] Chen S Q，Shen B，Wee S，et al. Adaptive and Lazy segmentation based proxy caching for streaming media delivery //Proceedings of The 13th International Workshop on Network and Operating Systems Support for Digital Audio and Video，2003:22-31.

[6] Wu K L，Yu P S，Wolf J L. Segmentation of multimedia streams for proxy caching. IEEE Transactions on Multimedia，2004，6：770-780.

[7] Chesire M，Wolman A，Voelker G M，et al. Measurement and analysis of a streaming media workload //Proceedings of the Third USENIX Symposium on Internet Technologies and Systems(USITS-01)，2001:1-12.

[8] Wang B，Sen S，Adler M，et al. Optimal proxy cache allocation for efficient streaming media distribution //Proceedings of IEEE INFOCOM 2002，2002:1726-1735.

[9] Yang B，Liao J X，Zhu X M. Two-level proxy：the media streaming cache architecture for GPRS mobile network. The International Conference on Information Networking 2006，2006：16-19.

第5章　基于自然数分段的流媒体主动预取算法

本章提出了基于自然数分段的流媒体主动预取算法，代理服务器在向用户传送已被缓存的数据的同时，提前预取未被缓存的数据，提高了流媒体传送质量，减少了播放抖动；根据所提出的自然数分段方法，分析了代理服务器预取点的位置和代理服务器为此所需要的最小缓存空间；仿真实验表明，在缓存空间相同的情况下，自然数分段方法比指数分段方法具有更高的字节命中率和更低的代理服务器抖动率，而与相同分段方法接近。

在通信网上，流媒体应用日新月异，正受到越来越多的重视。由于流媒体文件数据量大、持续时间长以及需要高传输带宽，而带宽的增长速度远落后于流媒体服务的需求，很多时候用户无法很流畅地在网上观看流媒体内容；同时，流媒体站点访问量增加，会在主干网络中产生巨大的流量，加重站点服务器的负载。为了解决这一问题，CDN 技术应运而生。

基于 CDN 的流媒体系统的工作原理是：当用户访问流媒体内容时，源服务器首先通过请求路由系统确定最接近用户的最佳的边缘节点（代理服务器），并将该用户的请求转向该节点。当用户的请求到达指定节点时，如果缓存空间已经存储了所请求的内容，则将内容提供给用户；如果没有缓存内容，则从用户源服务器或者其他代理服务器获取转发给客户，同时将内容缓存下来，使得原本无序、低效、不可靠的宽带 IP 网络转变成高效、可靠的智能网络，以满足用户对媒体访问质量的更高要求[1-4]。流媒体代理服务器的媒体预取算法是当前 CDN 流媒体系统的研究热点之一。

5.1　当前算法中的问题

针对流媒体代理服务器的媒体预存问题，文献[5]提出了基于代理服务器协助的补丁预取与服务调度算法，由代理服务器通过单播连接从源服务器中获取流媒体数据，然后通过组播方式转发给客户端，同时根据当前客户请求到达的分布状况，代理服务器为后续到达的客户请求进行补丁预取及缓存。但是该算法只是主动预取补丁数据，不能有效地避免代理服务器抖动，即用户端表现为播放抖动。

文献[6]针对相同分段方法和指数分段方法提出了预取算法，减少了代理服务器抖动。为了避免抖动发生，代理服务器应该尽可能早、尽可能多地预取没有被缓存的流媒体段，但这样会增加网络额外流量和代理服务器的缓存空间；另外，用户有可能在预取段被访问以前放弃访问该媒体对象，为了避免浪费，又要求代理服务器尽可能晚、尽可能少地预取没有被缓存的流媒体段。为此，本章提出了基于自然数分段的流媒体主动预取算法，较好地解决了两者的矛盾。仿真实验表明，在缓存空间相同的情况下，自然数分段方法比指数分段方法具有更高的字节命中率和更低的代理服务器抖动率，而与相同分段方法接近。

5.2　流媒体主动预取算法

在代理缓存有限的情况下，不可能对所有的流媒体对象都进行整体缓存。目前代理服务器一般对媒体对象进行部分缓存，尤其是缓存访问频率高的媒体对象，这样可以减轻网络和服务器负载。

基于分段的代理缓存系统只是把媒体对象部分缓存到代理服务器中，这样当用户向代理服务器请求某个媒体对象时，代理就需要及时从媒体服务器取得这个媒体对象中没有被缓存的段，如果未被缓存到代理服务器中的段被延迟取得，即发生代理服务器抖动，在用户端显示为播放抖动，不能连续播放被请求的媒体对象。如果频繁地发生播放抖动，用户很可能放弃访问该媒体对象，而解决这个问题的有效方法之一就是代理服务器采用主动预取算法。

设数据块和段的定义如下。

(1)B：每个数据块长度(时间长度)。

(2)B_t：流媒体服务器和代理之间的带宽。

(3)B_s：代理服务器和用户之间的带宽，即用户播放媒体对象的速率。

(4)k：某个媒体对象包含的全部段的数目。

(5)n：某个媒体对象被缓存到代理服务器的段的数目。

(6)L_i：媒体对象第 i 段的长度(时间单位)。

(7)S_i：媒体对象的第 i 段。

不失一般性，本章假设如下[7]：

(1)流媒体对象已经被分段，如图 4-2 所示，而且被顺序访问。

(2)代理服务器到客户的带宽足够宽。

(3)流媒体对象的每个段都可以从服务器或者其他源以单播通道获得。

5.2.1　自然数分段方法

在代理中每次缓存是以相应的段的大小为单位，每个段包含 N_s 个数据块，每

段的段长 $L_s=N_sB$，设段的序号为 s，则 $s=N_s(s>0)$。第 1 段有 1 个块，第 2 个段有 2 个块，第 3 个段有 3 个块，段的序号就是这个段包含的数据块的数目，如图 4-2 所示。

5.2.2　主动预取

因为代理中已缓存 n 段，第一个未被代理缓存的媒体对象段是第 S_{n+1} 段。

主动预取算法的思想如下。

(1) 如果 $B_s=B_t$，在不考虑网络拥塞的情况下，流媒体对象可以很平滑的从媒体服务器到代理，从代理再到用户端，代理不需要主动预取，也不需要缓存空间。

(2) 如果 $B_s<B_t$，代理不用预缓存用户访问的媒体对象，但需要一定容量的缓存以防止代理从媒体服务器取得的流媒体数据溢出，当第 S_n 段播放完时，代理才开始从媒体服务器取得第 S_{n+1} 段，这时防止第 S_{n+1} 段溢出的缓存至少是

$$L_{n+1}-\frac{L_{n+1}}{B_t}B_s=(n+1)B\left(1-\frac{B_s}{B_t}\right) \tag{5-1}$$

(3) 如果 $B_s>B_t$，当用户访问一个媒体对象时，主动预取未缓存的片断。为了避免抖动，需要计算预取点 x，即媒体播放开始后预取未缓存片断的位置。这里的 x 包含两种情况：① 当用户开始访问第 S_n 段时，在 S_n 段的 x 位置预取第 S_{n+1} 段；② 当用户开始访问媒体对象时，在媒体对象的 x 位置预取第 S_{n+1} 段。

对于情况①，$B_s>B_t$，$n>0$，位置 x 满足：

$$\frac{L_n-x+L_{n+1}}{B_s}\geqslant\frac{L_{n+1}}{B_t} \tag{5-2}$$

可得

$$x\leqslant L_n-\frac{L_{n+1}(B_s-B_t)}{B_t} \tag{5-3}$$

这时

$$\frac{x}{L_n}\leqslant 1-\frac{L_{n+1}}{L_n}\left(\frac{B_s}{B_t}-1\right)=1-\frac{n+1}{n}\left(\frac{B_s}{B_t}-1\right) \tag{5-4}$$

代理需要的缓存大小为

$$\frac{L_n-x}{B_s}B_t \tag{5-5}$$

由式(5-3)可得

$$\frac{L_{n+1}(B_s-B_t)}{B_s}\leqslant\frac{L_n-x}{B_s}B_t \tag{5-6}$$

式(5-6)左边$=(n+1)B\left(1-\dfrac{B_t}{B_s}\right)$，即代理服务器的缓存至少为

$$(n+1)B\left(1-\frac{B_t}{B_s}\right)$$

由式(5-4)右边$\geqslant 0$，可得

$$\frac{2n+1}{n+1}\geqslant\frac{B_s}{B_t}\tag{5-7}$$

即当$B_s>B_t$而且B_s、B_t满足式(5-7)时，为了避免抖动，用户访问到第S_n段的$1-\dfrac{n+1}{n}\left(\dfrac{B_s}{B_t}-1\right)$位置时，代理开始预取第$S_{n+1}$段；当$B_s$、$B_t$不满足式(5-7)时，如果用户访问到第$S_n$段，则不能避免抖动，这时可以考虑情况②，即代理从用户访问该媒体对象时，就开始考虑在某点预取第S_{n+1}段，而不是访问到第S_n段才开始考虑预取。

由文献[6]可知，对于相同分段方法和指数分段方法(后续段大小是前段的2倍)，它们的x位置分别是$2-\dfrac{B_s}{B_t}$和$3-2\dfrac{B_s}{B_t}$，代理服务器所需要的最小缓存分别是$B\left(1-\dfrac{B_t}{B_s}\right)$和$2^nB\left(1-\dfrac{B_t}{B_s}\right)$。经过推导，得

$$2-\frac{B_s}{B_t}-\left[1-\frac{n+1}{n}\left(\frac{B_s}{B_t}-1\right)\right]=\frac{1}{n}\left(\frac{B_s}{B_t}-1\right)\tag{5-8}$$

$$1-\frac{n+1}{n}\left(\frac{B_s}{B_t}-1\right)-\left(3-2\frac{B_s}{B_t}\right)=\left(1-\frac{1}{n}\right)\left(\frac{B_s}{B_t}-1\right)\tag{5-9}$$

因为$B_s>B_t$，式(5-8)右边>0，式(5-9)右边$\geqslant 0$，即$2-\dfrac{B_s}{B_t}>1-\dfrac{n+1}{n}\left(\dfrac{B_s}{B_t}-1\right)\geqslant 3-2\dfrac{B_s}{B_t}$，所以当$n\neq 1$时，指数分段方法预取$S_{n+1}$段的时间总是最早，本章提出的自然数分段方法次之，相同分段方法预取时间最晚。因为$2^nB\left(1-\dfrac{B_t}{B_s}\right)\geqslant(n+1)B\left(1-\dfrac{B_t}{B_s}\right)>B\left(1-\dfrac{B_t}{B_s}\right)$，所以当$n\neq 1$时，代理服务器所需要的最小缓存空间也是指数分段方法最大，自然数分段方法次之，相同分段方法最小。

这里有两个问题要考虑：首先为了避免抖动发生，代理服务器应该尽可能早、尽可能多地预取没有被缓存的流媒体段，但这样会增加网络额外流量和代理服务器的缓存空间；另外，用户有可能在预取段被访问以前放弃访问该媒体对象，为了避免浪费，又要求代理服务器尽可能晚、尽可能少地预取没有被缓存的流媒体段。自然数分段方法的预取位置和代理服务器所需要的最小缓存空间都在指数分段方法和相同分段方法之间，较好地解决了以上两个问题。

对于情况②，$B_s > B_t$，$\frac{2n+1}{n+1} < \frac{B_s}{B_t}$，位置 x 满足：

$$\frac{\sum_{i=1}^{i=n} L_i - x + L_{n+1}}{B_s} \geqslant \frac{L_{n+1}}{B_t} \tag{5-10}$$

根据式(5-10)可得

$$x \leqslant \sum_{i=1}^{n} L_i - \frac{L_{n+1}(B_s - B_t)}{B_t} = (n+1)B\left(\frac{n}{2} + 1 - \frac{B_s}{B_t}\right) \tag{5-11}$$

由式(5-11)右边≥0，得

$$\frac{n}{2} + 1 \geqslant \frac{B_s}{B_t} \tag{5-12}$$

代理需要的缓存至少

$$\begin{aligned}\left(\sum_{i=1}^{n} L_i - x\right)\frac{B_t}{B_s} &= \frac{L_{n+1}(B_s - B_t)}{B_t}\,\frac{B_t}{B_s} \\ &= (n+1)B\left(1 - \frac{B_t}{B_s}\right)\end{aligned} \tag{5-13}$$

即当 $\frac{2n+1}{n+1} < \frac{B_s}{B_t}$ 且 B_s、B_t 满足式(5-12)，为了避免抖动，用户访问到 x 位置，x 满足式(5-11)时，用户开始预取第 S_{n+1} 段；当 B_s、B_t 不满足式(5-12)时，用户无论何时预取第 S_{n+1} 段都不能避免抖动。

当 $\frac{n}{2} + \frac{B_s}{B_t}$ 时，可以考虑预取第 S_m 段，m 满足：

$$m > n+1,\ \frac{L_m}{B_t} \leqslant \frac{\sum_{i=1}^{m} L_i}{B_s} \tag{5-14}$$

即

$$m \geqslant 2\frac{B_s}{B_t} - 1 > n+1 \tag{5-15}$$

这时代理需要的缓存为

$$\frac{\sum_{i=1}^{m-1} L_i}{B_s} B_t = \frac{1}{2}(m-1)mB\,\frac{B_t}{B_s} \geqslant \left(2\frac{B_s}{B_t} - 3 + \frac{B_t}{B_s}\right)B \tag{5-16}$$

(1)当 $n=0$ 时，用户一旦访问该对象，代理就开始预取第 S_m 段，$m=\left\lceil 2\frac{B_s}{B_t} - 1\right\rceil$，

用户在访问第 S_i 段($0<i<m$)时都会发生抖动，代理需要的缓存空间至少为 $\left(2\frac{B_s}{B_t}-3+\frac{B_t}{B_s}\right)B$。

(2)当 $n>0$ 且 $\frac{n}{2}+\frac{B_s}{B_t}$ 时，用户一旦访问该对象，代理就开始预取第 S_m 段，$m=\left\lceil 2\times\frac{B_s}{B_t}-1\right\rceil$，用户在访问第 S_i 段($n<i<m$)时，都会发生抖动，代理需要的缓存空间至少为 $\left(2\frac{B_s}{B_t}-3+\frac{B_t}{B_s}\right)B$。

(3)当 $n>0$ 且 $\frac{n}{2}+1\geqslant\frac{B_s}{B_t}$ 时，用户访问到 $(n+1)B\left(\frac{n}{2}+1-\frac{B_s}{B_t}\right)$ 位置开始预取第 S_{n+1} 段，代理需要的缓存空间至少为 $(n+1)B\left(1-\frac{B_t}{B_s}\right)$。

通过以上分析，代理服务器在一些情况下，不能保证一定能够预取成功每个没有被缓存的媒体段，还是有可能发生抖动，如果代理服务器事先能够缓存一定量的媒体对象，抖动就可以完全避免，假设代理服务器至少顺序缓存 q 段才能保证不发生抖动，则 q 满足：

$$\frac{\sum_{i=1}^{k}L_i}{B_s}\geqslant\frac{\sum_{i=1}^{k}L_i-\sum_{i=1}^{q}L_i}{B_t} \tag{5-17}$$

即

$$\sum_{i=1}^{q}L_i\geqslant\sum_{i=1}^{k}L_i\left(1-\frac{B_t}{B_s}\right) \tag{5-18}$$

由文献[6]可知，为了完全避免抖动，指数分段方法所需的缓存段数最少，自然数分段方法次之，相同分段方法最多。

5.3 仿真实验

为了评价代理服务器主动预取算法的性能，本章采用两种参数作为衡量指标：代理服务器抖动率和字节命中率。代理服务器抖动率是代理服务器没有及时向用户提供预取，从而造成用户端播放抖动的字节数与用户请求的全部字节数的比值，它能衡量提供给用户的流媒体服务质量，代理服务器抖动率越低，用户得到的流媒体质量越高。

本章设流媒体服务器包含 100 个 CBR(Constant Bit Rate)流媒体对象，其访问概率服从参数 $\theta=0.271$ 的 Zipf 分布，事先将全部媒体对象的前缀已经缓存到代理服务器中，用户第一次访问某媒体对象时，不需要缓存任何段，以后每次是否能被缓存和被缓存多少，根据代理服务器是否有空闲空间或者能否找到候选的可以被替换的媒体段，使空闲空间大于要被缓存的媒体对象段的大小，以后代理服务器缓存替换算法也只是在当前没有被用户请求的媒体对象后缀中选择效用函数值最小的段进行替换。因为当指数分段方法在 $\frac{B_s}{B_t} \geqslant 2$ 时，用户都不能及时预取没有被缓存的媒体对象段[6]，而 $\frac{B_s}{B_t} \leqslant 1$ 时，不需要预缓存，不失一般性，本章取 $\frac{B_s}{B_t} = 1.2$。相同分段方法是每个媒体段是 1.8s 时长，全部用户请求是 18000 次，其他参数和缓存算法和文献[8]相同，将三种分段方法的字节命中率和代理服务器抖动率进行比较。

图 5-1 所示为三种算法的字节命中率。字节命中率都随代理缓存的变大而增加，自然分段方法和相同分段方法的字节命中率非常接近，当代理缓存空间是全部媒体对象总文件的 0～40%时，三种算法的字节命中率非常接近，当代理缓存空间是全部媒体对象总文件的 40%～100%时，自然分段方法和相同分段方法的字节命中率明显比指数分段方法高。

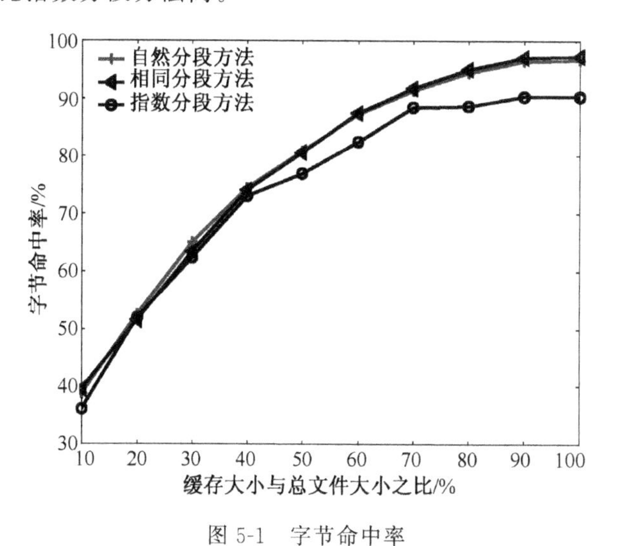

图 5-1　字节命中率

图 5-2 所示为三种算法代理服务器抖动率。代理服务器抖动率都随代理缓存的变大而减少，自然分段方法和相同分段方法的代理服务器抖动率非常接近，当代理缓存空间是全部媒体对象总文件的 0～40%时，三种算法的代理服务器抖动率非常接近，当代理缓存空间是全部媒体对象总文件的 40%～100%时，自然分段方法和相同分段方法的代理服务器抖动率明显比指数分段方法低。

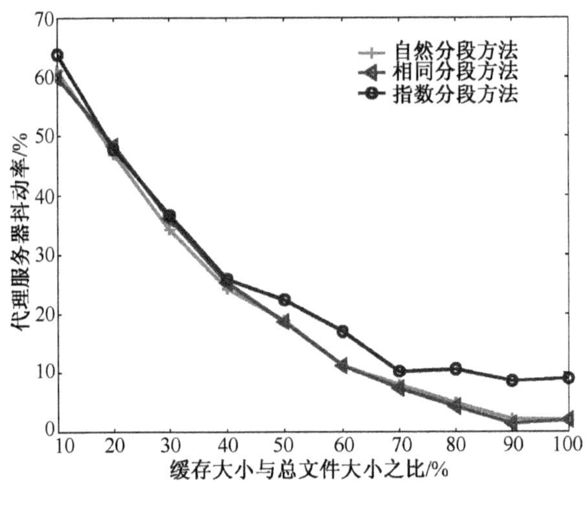

图 5-2　代理服务器抖动率

5.4　小　结

本章提出了基于自然数分段的流媒体主动预取算法，充分考虑了基于指数分段方法和相同分段方法的不足，将流媒体对象按照自然数分段，代理服务器在向用户传送已被缓存的部分媒体对象的同时，提前预取未被缓存的数据，提高了流媒体传送质量，减少了播放抖动；分析了代理服务器预取点的位置和代理服务器为此所需要的最小缓存空间，证明自然数分段方法的预取位置和代理服务器所需要的最小缓存空间适中。仿真实验表明，在最大缓存空间相同的情况下，自然数分段方法比指数分段方法具有更高的字节命中率和更低的代理服务器抖动率，而与相同分段方法接近。由于本章将媒体对象前缀固定缓存到代理服务器中，没有考虑媒体对象前缀参加缓存替换算法时对字节命中率和代理服务器抖动率造成的影响，这是本算法需要进一步考虑的问题；另外在 P2P 网络环境下，主动预取算法的实现也是下一步需要解决的问题。

参考文献

[1] 曾 进，王康，邓一贵，等. 基于 IPv6 的流媒体内容分发网络中的边缘服务器设计与实现. 计算机科学，2005，32(7)：53-55.

[2] 杨明川. 内容分发网络关键技术分析. 电信科学，2005，21(8)：13-18.

[3] Yang B，Liao J X，Zhu X M. Two-level proxy：the media streaming cache architecture for

GPRS mobile network. The International Conference on Information Networking 2006, 2006:16-19.

[4] 雷正雄. 增强型媒体服务器及其在下一代通信网络中的应用研究. 北京:北京邮电大学, 2006.

[5] 覃少华,李子木,蔡青松,等. 基于代理缓存的流媒体动态调度算法研究. 计算机学报, 2005, 28(2):185-194.

[6] Chen S, Shen B, Wee S, et al. Streaming flow analyses for prefetching in segment-based proxy caching strategies to improve media delivery quality //Proceeding of the 8th International Workshop On Web Content Caching and Distribution, Hawthorne, 2003.

[7] Chen S, Shen B, Wee S, et al. Segment-based streaming media proxy: modeling and optimization. IEEE Trans on Multimedia, 2006, 8(2): 243-256.

[8] Wu K L, Yu P S, Wofl J. Segment based proxy caching of multimedia streams //Proceedings of the 10th International Conference On World Wide, 2001:36-44.

第6章　基于主动预取的流媒体代理服务器缓存算法

针对流媒体质量要求较高的用户，本章提出了一种基于主动预取的流媒体代理服务器缓存算法，代理服务器在向用户传送已被缓存的部分媒体对象的同时，提前预取没有被缓存的数据，提高了流媒体传送质量，减少了播放抖动。根据提出的自然数分段方法，实现了代理服务器的接纳和替换算法。仿真结果表明，该算法能够取得比 Hyper Proxy 算法更低的被延迟的初始请求率，降低了启动延时，当缓存空间与总文件大小之比超过 30%时，该算法能够取得比 Hyper Proxy 算法更低的代理服务器抖动率，提高了流媒体播放质量，但是字节命中率有所降低。

流媒体代理服务器的缓存替换、媒体预取等算法是目前流媒体代理服务器研究的热点之一。缓存替换策略实际上就是给当前缓存中的对象一个使用价值排名，当缓存空间不足时，依次替换出使用价值最小者直至可用空间能容纳下要缓存的对象。媒体预取策略是在用户接收流媒体的同时，利用视频服务器和网络的空闲资源，将后续数据预先下载缓存到流媒体代理服务器中，减少或避免播放抖动，从而保证用户的播放质量的一种方法。

6.1 节对相关流媒体算法进行分析，尤其对它们的不足进行论述。6.2 节详细介绍基于主动预取的流媒体代理服务器缓存算法 P^2CA^2SM。6.3 节的仿真结果表明当缓存空间与总文件大小之比超过 30%时，该算法能够取得比 Hyper Proxy 算法更低的代理服务器抖动率，提高了流媒体播放质量，更低的被延迟的初始请求率，降低了启动延时，但是字节命中率有所降低。6.4 节总结全章，指出今后的研究方向。

6.1　流媒体主动预取算法

目前针对主动预取的流媒体代理服务器缓存算法不是很多[1-6]，Hyper Proxy 算法[7]尽可能延迟媒体对象的分段(分段长度由客户访问行为决定)，以主动预取的方式减少代理抖动，向客户提供较高的流媒体服务质量，另外根据文献中提出的效用函数，媒体对象段能够被自适应地接纳和替换，但是文献[7]提出的效用函数没有考虑媒体对象段与媒体对象初始位置的距离，因为媒体对象最后部分通常具有最少价值，段缓存的优先权随着该段与媒体对象初始位置的距离成单调减[8]，距离媒体对象开始位置越近的段，被访问的频率越高。另外 Hyper Proxy 算法对于第一次被访问的媒体对象，都是全部缓存到代理中，这样造成一定的盲目性，有可能频繁缓存或者替换某些媒体对象。还有 Hyper Proxy 算法虽然尽可能延迟分段，但一旦分段，其每个段长度就固定，不能根据客户访问行为进行改变，很有可能造成该分段长度不适应客户的请求。为此，本章提出新的代理服务器缓存算法，充分考虑了 Hyper Proxy 算法的不足。

6.2　P^2CA^2SM 算法

缓存在代理中的每个流媒体对象都要建立和保存一个称为媒体对象访问日志的数据结构，在 4.2 节定义的参数基础上，还包含以下参数。

(1)class：媒体对象属于哪类(1 表示 firstclass 类，0 表示 secondclass 类)。

(2)sign：媒体对象的接纳标志(1 表示 NON-PRIORITY，0 表示 PRIORITY)。

P^2CA^2SM 算法包括代理服务器缓存接纳算法 PCA^2SM 和代理服务器缓存替换算法 PCRASM 两方面。

设数据块和段的定义同 4.2 节。不失一般性，本章的假设和 5.2 节的假设相同。

本章对于前缀和后缀的定义与 4.2.1 节相同，后缀采用 5.2.1 节的自然数分段方法来进行分段，如图 4-2 所示。

6.2.1　主动预取

基于分段的代理缓存系统只是把媒体对象部分缓存到代理服务器中，这样当用户向代理服务器请求某个媒体对象时，代理就需要及时从媒体服务器取得这个媒体对象中没有被缓存的段。如果未被缓存到代理服务器中的段被延迟取得，即发生代理抖动，在用户端显示为播放抖动，不能连续播放被请求的媒体对象。如果频繁地发生播放抖动，用户很可能放弃访问该媒体对象，而解决这个问题的有效方法之一就是主动预取。

本章采用 5.2 节提出的符号约定，其他如下。

(1)q：预取长度(单位段数)。

(2)sign：媒体对象的接纳标志。

主动预取的思想：当 $B_s \leqslant B_t$ 时，不需要预取[9]，所以本章针对 $B_s > B_t$。当用户开始访问一个媒体对象时就主动预取未缓存的片断。为了避免抖动，计算预取点 x，即媒体播放开始后预取未缓存片断的位置。这就是 5.2.2 节中，当 $B_s > B_t$

时的情况②。设代理服务器中已缓存 n 段，则预取第 $n+1$ 段的位置 x。同理，式(5-10)～式(5-18)在此同样成立。

当媒体对象被部分缓存时，随后每次访问该对象的用户请求都将激活主动预取，根据下面条件来决定一旦媒体对象被访问，哪个段被预取。

(1)当 $n=0$ 时，用户一旦访问该对象，代理就开始预取第 S_m 段，$m=\left\lfloor 2\frac{B_s}{B_t}-1\right\rfloor$，用户在访问第 S_i 段($0<i<m$)时都会发生抖动，代理需要的缓存空间至少为 $\left(2\frac{B_s}{B_t}-3+\frac{B_t}{B_s}\right)B$，这时该对象 sign 为 PRIORITY。

(2)当 $n>0$ 且 $\frac{n}{2}+\frac{B_s}{B_t}$ 时，用户一旦访问该对象，代理就开始预取第 S_m 段，$m=\left\lfloor 2\times\frac{B_s}{B_t}-1\right\rfloor$，用户在访问第 S_i 段($n<i<m$)时都会发生抖动，代理需要的缓存空间至少为 $\left(2\frac{B_s}{B_t}-3+\frac{B_t}{B_s}\right)B$，这时该对象 sign 为 PRIORITY。

(3)当 $n>0$ 且 $\frac{n}{2}+1\geqslant\frac{B_s}{B_t}$ 时，用户访问到 $(n+1)B\left(\frac{n}{2}+1-\frac{B_s}{B_t}\right)$ 位置时开始预取第 S_{n+1} 段，这种情况下，能够完全避免代理抖动，代理需要的缓存空间至少为 $(n+1)B\left(1-\frac{B_t}{B_s}\right)$，这时该对象 sign 为 NON-PRIORITY。

6.2.2 PCA²SM 算法

PCA²SM 算法将全部媒体对象分成两类：第一类是该媒体对象被缓存到代理服务器中的段数 $n\geqslant q$(假设代理服务器至少顺序缓存 q 段才能保证不发生抖动)，q 满足式(5-18)，记为 firstclass；第二类是该媒体对象被缓存到代理服务器中的段数 $n<q$，记为 secondclass。

每个客户请求到达时，代理都要执行如下 PCA²SM 算法。

(1)如果某个被访问媒体对象没有访问日志，即它是第一次被访问，假定代理知道这个媒体对象的长度[10]，通过 6.2.3 节描述的流媒体替换算法，有足够的缓存空间被分配，被访问的对象随后被缓存大小为 W 的数据，W 初始值是 block · $\sum_{i=1}^{q}L_i$，其中，q 满足式(5-18)，同时要建立该媒体对象的访问日志，开始记录它被访问的历史，以后要根据被访问情况对这个日志进行不断更新。隔一段时间，如果有用户请求过该媒体对象，则统计 L_{avg}，在某时刻 t，$L_{avg}=T_{sum}/N$ 表示该时刻统计的每次平均访问媒体对象的长度(时间长度)，L_{avg} 可以隔一段时间进行统计一次，例如，每隔 cT 时间（$c=\cdots,1/4,1/3,1/2,1,2,3,\cdots$）或者每次有客户访问时统计一次，使 $W=\max(L_{\text{avg}}, \text{block}\cdot\sum_{i=1}^{\left\lfloor\frac{2B_s}{B_t}-1\right\rfloor}L_i)$。

（2）如果被访问媒体对象有访问日志，即它以前曾被访问过，而且访问日志指示媒体对象已经被完全缓存到代理中，这时不需要缓存接纳，同时更新该媒体对象的访问日志。

（3）如果被访问媒体对象有访问日志，即它以前曾被访问过，但访问日志指示媒体对象没有被完全缓存，如果平均访问时间已经增加，代理中缓存的该媒体对象的段已经不能满足用户对该媒体对象的大多数请求，因此对于这个媒体对象，需要考虑接纳下一个没有被缓存到代理中的该媒体对象分段，这个未被缓存的段能否最终被缓存由替换算法决定。

6.2.3　PCRASM 算法

使用代理服务器的代价是需要在代理服务器上复制数据，而选择恰当的替换算法就尤为重要。代理中一旦没有可用的缓存，就要应用 PCRAMS 算法，PCRAMS 算法的基本思想如下。

（1）当第一次访问某媒体对象时，首先在 firstclass 中计算每个流媒体对象的被缓存的最后段的流行度值，在当时没有被客户请求的已被缓存的媒体对象中选择流行度值最小的媒体对象段，替换该段，如果还不够，代理服务器需要重新计算媒体对象的新的被缓存的最后段的流行度值，并在当前没有被客户请求的媒体对象中选择流行度值最小的媒体对象段，释放该段所占据的缓存空间，重复进行，直到有足够的缓存空间被释放出来；如果 firstclass 中没有可替换的媒体对象，则依次从 secondclass 中 sign 标志为 NON-PRIORITY 和 PRIORITY 的媒体对象中选择可替换的媒体对象，直到有足够的缓存空间。

（2）当被访问媒体对象以前曾经被访问过，如果该媒体对象的 sign 为 PRIORITY，则代理首先在 firstclass 中计算每个流媒体对象的被缓存的最后段的流行度值，在当时没有被客户请求的已被缓存的媒体对象中选择流行度值最小的媒体对象段。如果这个被访问对象的第一个未被缓存的段的流行度大于已缓存在代理中的最小流行度的段，则替换后者，如果还不够，代理服务器需要重新计算媒体对象的新的被缓存的最后段的流行度值，并在当前没有被客户请求的媒体对象中选择流行度值最小的媒体对象段。如果这个被访问对象的第一个未被缓存的段的流行度大于已缓存在代理中的最小流行度的段，则替换后者，重复进行，直到有足够的缓存空间被释放出来或者放弃缓存。如果 firstclass 中没有可替换的媒体对象，同理，从 secondclass 中 sign 标志为 NON-PRI-

ORITY的媒体对象中选择可替换的媒体对象，直到有足够的缓存空间或者放弃缓存。

(3)当被访问媒体对象以前曾经被访问过，如果该媒体对象的sign为NON-PRIORITY，则代理在firstclass中计算每个流媒体对象的被缓存的最后段的流行度值，在当时没有被客户请求的已被缓存的媒体对象中选择流行度值最小的媒体对象段。如果这个被访问对象的第一个未被缓存的段的流行度大于已缓存在代理中的最小流行度的段，则替换后者，如果还不够，代理服务器需要重新计算媒体对象的新的被缓存的最后段的流行度值，并在当前没有被客户请求的媒体对象中选择流行度值最小的媒体对象段。如果这个被访问对象的第一个未被缓存的段的流行度大于已缓存在代理中的最小流行度的段，则释放该段所占据的缓存空间，重复进行，直到有足够的缓存空间被释放出来或者或者放弃缓存。

因为某媒体对象被第一次和第二次访问时，其流行度值是无效的，所以PCRAMS算法在进行流行度比较，选择可以替换的流媒体对象的候选集合时，要求被替换的媒体对象至少已经被访问2次，即T_{last}、T_{first}、T_c三者之间互不相等；如果代理服务器缓存空间较少，有可能已被缓存到代理中的媒体对象都没有有效的流行度(即它们都是只被访问一次或者两次)，这时要随机选择一个候选对象；一个被缓存过的媒体对象被替换以后，又可能被客户请求，为此本章要求系统要保存所有被缓存过的媒体对象的访问日志，如果没有保存，当这个被替换的媒体对象又被访问时，就不能区别它是否是第一次被客户请求，因为随着时间的发展，媒体对象的流行度趋于逐渐减少，如果系统又把它当做被第一次访问的情况对待，将导致缓存空间较低效率的使用[10]。

本章的媒体对象流行度函数取式(4-1)的定义，媒体对象段流行度函数取式(4-2)的定义。

6.3 仿真实验

为了评价该算法的性能，本章采用三种参数作为衡量指标：字节命中率。被延迟的初始请求率和代理服务器抖动率。本章从这三方面比较P^2CA^2SM和Hyper Proxy算法。同4.3节类似，为了在相同条件下比较二者区别，本章假定Hyper Proxy算法的替换策略也是要求被替换的媒体对象至少已经被访问2次，即T_{last}、T_{first}、T_c三者之间互不相等。本章将改正后的Hyper Proxy算法称为伪Hyper Proxy算法。

设流媒体服务器包含100个CBR流媒体对象，其访问概率服从参数$\theta=0.271$的Zipf分布[8]，流媒体采用MPEG-1编码(传输速度为1.5Mbit/s)，长度均匀分布在 30～90min，播放结束位置均匀分布且不考虑 VCR 操作的影响[8]，客户请求到达服从平均速度为 $\lambda=60$ 次/min 的 Possion 过程，18000 个请求(全部请求在 300 min 内)，不失一般性，本章取 $\frac{B_s}{B_t}=1.2$，$B=2$s，prefix＝15B。仿真实验环境如表 6-1 所示。

表 6-1　仿真实验环境

CPU	内存	硬盘	操作系统	仿真工具
P4 1.8GHz	512MB	30GB	Windows XP	MATLAB 5.5

图 6-1 所示为代理服务器抖动率，即评价客户端表现的播放抖动的参数。它随代理缓存的变大而减少。当代理缓存空间是全部媒体对象总文件的 0％～30％时，P^2CA^2SM 算法的代理服务器抖动率比伪 Hyper Proxy 算法高，但其他情况下，P^2CA^2SM 算法的代理服务器抖动率更低，这时用户能够得到更好的流媒体播放质量，说明 P^2CA^2SM 算法更适合代理服务器缓存较大的情况。

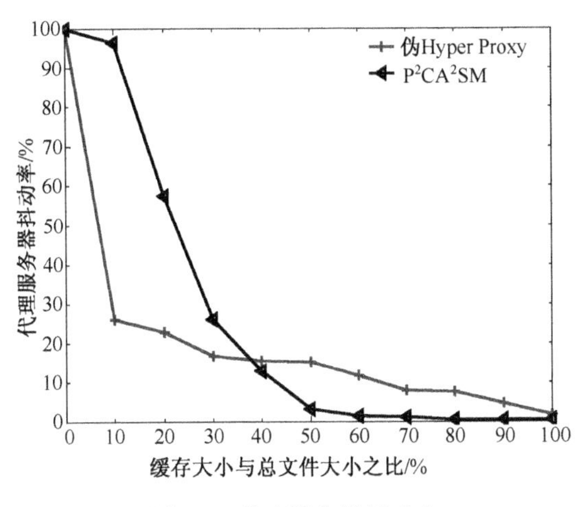

图 6-1　代理服务器抖动率

图 6-2 所示为被延迟的初始请求率，伪 Hyper Proxy 算法的被延迟的初始请求率随代理缓存的变大而减少，在 P^2CA^2SM 算法中，每个媒体对象的前缀都固定缓存在代理中，所以其不存在被延迟的初始请求率。

图 6-3 所示为字节命中率。两种算法的字节命中率都随代理缓存的变大而增加，P^2CA^2SM 算法总体上比伪 Hyper Proxy 算法字节命中率低。当代理缓存空间是全部媒体对象总文件的 30％以上时，两种算法比较接近，说明 P^2CA^2SM 算法要消费更多的到源服务器的骨干网络流量，这是因为为了获得较低的代理服务器抖动率，需要更多的代理缓存作为主动预取，降低了其他流媒体对象缓存到代

理服务器的比例，这也是获得更低代理服务器抖动率的代价，这种情况也符合文献[7]的分析。

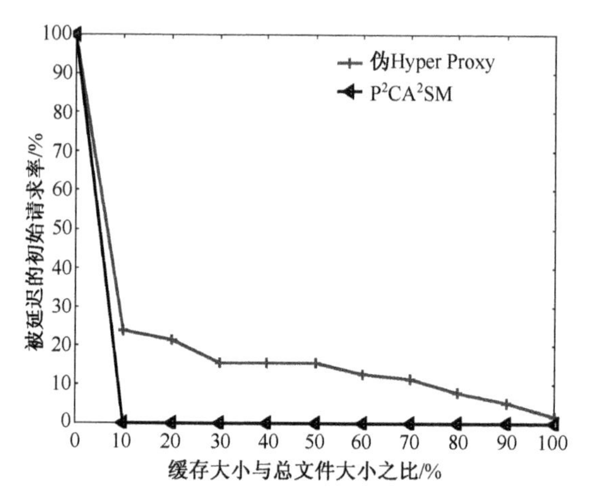

图 6-2　被延迟的初始请求率

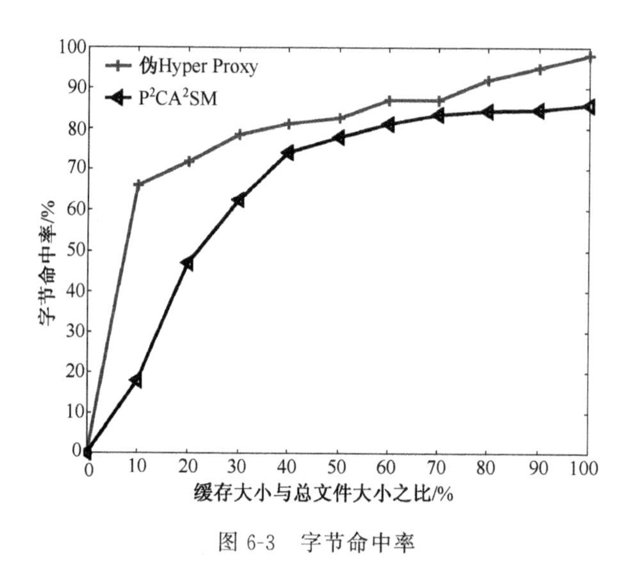

图 6-3　字节命中率

6.4 小　　结

随着网络带宽的不断增加，人们对流媒体播放的质量提出了更高的要求，减少播放抖动和被延迟的初始请求率就是其中重要的指标，为此本章根据自然数分段方法，提出了一种基于主动预取的流媒体代理服务器缓存算法，理论分析了代理服务器预取点的位置和代理服务器为此所需要的最小缓存空间，实现了代理服务器的接纳和替换算法。仿真结果表明，该算法能够取得比 Hyper Proxy 算法更低的被延迟的初始请求率，降低了启动延时，当缓存空间与总文件大小之比超过 30%时，该算法能够取得比 Hyper Proxy 算法更低的代理服务器抖动率，提高了流媒体播放质量，虽然取得这些使得该算法的字节命中率有所下降，但是随着网络技术和流媒体压缩技术的发展，P^2CA^2SM 算法对带宽的要求会得到较好的解决。在 P2P 网络环境下，主动预取和代理服务器缓存算法的实现是下一步需要考虑的问题。

参考文献

[1] Yang B, Liao J X, Zhu X M . Two-level proxy: the media streaming cache architecture for GPRS mobile network. The International Conference on Information Networking 2006, 2006:852-861.

[2] 雷正雄. 增强型媒体服务器及其在下一代通信网络中的应用研究. 北京:北京邮电大学, 2006.

[3] Robinson J T, Devarakonda M V. Data cache management using frequency-based replacement //Proceedings of SIGMETRIC on Measuring and Modeling of Computer Systems, Boulder, 1990: 134-142.

[4] Alghazo J, Akaaboune A, Botros N. SF-LRU cache replacement algorithm. Records of the 2004 International Workshop on 9-10, 2004: 19 -24.

[5] Seung W S, Ki Y K, Jong S J. LRU based small latency first replacement (SLFR) algorithm for the proxy cache //Proceedings of IEEE International Conference on Web Intelligence, 2003: 499-502.

[6] 肖明忠,李晓明,刘翰宇,等. 基于流媒体文件字节有用性的代理服务器缓存替代策略. 计算机学报, 2004, 27(12):1633-1641.

[7] Chen S Q, Shen B, Wee S, et al. Designs of high quality streaming proxy systems //Proc. IEEE INFOCOM, 2004,3: 1512-1521.

[8] Wu K L, Philip S, Wolf R L. Segmentation of multimedia streams for proxy caching. IEEE Transactions on Multimedia, 2004, 6.

[9] Chen S, Shen B, Wee S, et al. Streaming flow analyses for prefetching in segment-based proxy caching strategies to improve media delivery quality //Proceeding of the 8 th International Workshop on Web Content Caching and Distribution, Hawthorne. 2003.

[10] Chen S Q, Shen B, Wee S, et al. Adaptive and lazy segmentation based proxy caching for streaming media delivery //Proceedings of The 13th International Workshop on Network and Operating Systems Support for Digital Audio and Video, 2003.

第7章 基于交互式段流行度的流媒体代理服务器缓存算法

针对交互式流媒体的特点，本章提出了基于交互式段流行度的流媒体代理服务器缓存算法，根据交互式媒体对象段流行度，实现了代理服务器缓存的接纳和替换，使流媒体对象的段在代理服务器中缓存的数据量和其流行度成正比。仿真结果表明，该算法在不同的用户请求模式和交互强度下，可以提供较小的被延迟的请求率和较高的字节命中率，尤其适合于交互强度较高的用户请求。

在基于代理服务器的流媒体研究中通常假设用户总是从媒体内容的起始部分请求播放，然而在实际中用户的焦点有可能是媒体内容的任意部分，因此对于交互式流媒体的研究十分必要，其中，基于交互式的流媒体代理服务器缓存算法是目前研究的热点之一。

7.1节对相关流媒体算法进行分析，尤其对它们的不足进行论述。7.2节详细介绍基于交互式段流行度的流媒体代理服务器缓存算法 P^2CAS^2IM。7.3节的仿真结果表明对于代理服务器缓存大小的变化，P^2CAS^2IM 算法在不同的用户请求模式和交互强度下，可以提供较小的被延迟的请求率和较高的字节命中率，尤其适合于交互强度较高的用户请求。7.4节总结全章，指出今后的研究方向。

7.1 流媒体交互式缓存算法

目前针对交互式流媒体的缓存算法不是很多[1,2]，文献[3]分析了 Monash 大学视频点播系统（McIVER 系统），提出了面向交互式视频点播系统的客户端缓存策略，节省了网络流量，但是作者假定缓存足够大以致可以缓存全部通过网络传输的媒体对象，对于大的媒体对象，这个策略不太可行。文献[4]提出了主动式缓存管理技术，在广播 VoD(Video-on-Demand)系统中实现了交互式功能，用户可以根据播放点在缓存中的位置，从广播信道中有选择地预取段，缓存的内容将相应调整，以保证播放点的相对位置保持在缓存区的中间，但是它是广播式，即使没有客户请求媒体对象，服务器仍然保持广播媒体对象，造成资源的浪费。

Popwise 算法[5]缓存最流行媒体对象的最流行片段，为了兼容非交互式场景，Popwise 算法也包含了 Prefix 算法，使得 Popwise 算法在不同的用户请求模式和交互强度下都可以提供较低的用户响应时延和链路占用带宽，但是该算法以瞬时受访频率作为整个媒体对象的流行度，媒体对象流行度的判断不够准确[6]，以累计受访次数作为媒体片段的流行度，将每次访问同一个媒体片段等同起来，但每次访问同一个媒体片段的时间不一定是相同的。为此，本章提出新的基于交互式段流行度的流媒体代理服务器缓存算法，定义了一个新的交互式媒体对象段流行度，简称交互式段流行度，更好地适应了用户对媒体对象的访问特征和访问模式。

7.2　P^2CAS^2IM 算法

在代理缓存有限的情况下，不可能对所有的流媒体对象都进行整体缓存。为了兼容非交互式场景，P^2CAS^2IM 算法也包括 Prefix 算法。

P^2CAS^2IM 算法包括代理服务器缓存接纳算法（Proxy Caching Admission Algorithm for Interactive Streaming Media，PCA^2ISM）和代理服务器缓存替换算法（Proxy Caching Replacement Algorithm for Interactive Streaming Media，PCRAISM）两方面。

设数据块和段的定义同 4.2 节，在媒体对象的后缀中，每 k 个数据块组成一个段，流媒体对象由媒体对象前缀和媒体对象后缀（媒体对象后缀由若干个段构成）组成[7]，如图 7-1 所示，在本章中，每个段独立运行缓存接纳算法和缓存替换算法，是缓存接纳和缓存替换的基本单位，当用户正在访问某媒体对象的数据块时，这个媒体对象的其余段将不会被缓存替换算法选中而被替换出缓存。为了简单，本章取数据块是 1s 时长，段由 10 个数据块构成。

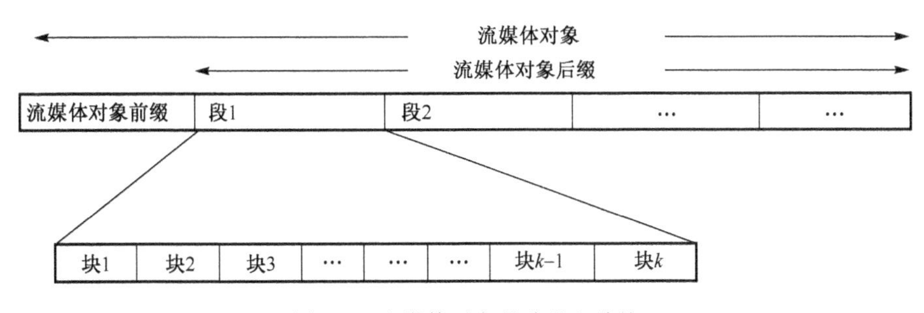

图 7-1　流媒体对象的分段和分块

会话是一个用户对同一媒体对象的一系列交互的请求，每个请求就是一个交互动作（包括播放、放弃、向前跳进、向后跳进），因为每个用户在一个会话中对流媒体对象的交互动作的平均次数随着媒体文件长度的增加而增加，根据本章研究的流媒体对象长度，用户在一个会话中对媒体对象的交互动作不超过 10 次[5-11]。会话开始位置是指会话的第一个交互动作发生时，用户的请求在媒体对象中的位置。本章假设会话开始位置是媒体对象的开始部分[12,13]，即媒体对象前缀，而媒体对象前缀事先已被缓存，因为用户在会话中的第一个动作不一定是播放，所以不一定总是从媒体对象的开始部分请求播放。

缓存在代理中的每个流媒体对象都要建立和保存一个称为媒体对象访问日志的数据结构，参数 T_{first}、T_{last}、T_{sum}、B、T 和 Prefix 的含义同 4.2 节，此外还有如下。

N：媒体对象被访问的会话次数。

同时，缓存在代理中的每个流媒体对象的段都要建立和保存一个称为段的访问日志的数据结构，包含以下参数。

(1)Time：段被访问的时间，这里包括段被部分访问和被全部访问的时间。

(2)Flag：媒体对象的段是否被完全缓存(1 表示被完全缓存，0 表示没有被缓存)。

根据文献[3]的观察结果，跳转是主要的改变播放位置的动作，本书同时约定60%的跳转动作是跳进[5]，用户交互模型如图 7-2 所示。设任意时刻用户采用播放、跳转和终止动作的概率分别为 $P_{\text{play}}=p_0$，则前向跳转和后向跳转的概率分别是 $P_{\text{jumpforward}}=p_1=P_{\text{jump}}\times 60\%$，$P_{\text{jumpbackward}}=p_2=P_{\text{jump}}\times(1-60\%)$，$P_{\text{jump}}$，$P_{\text{abort}}=p_3$，而且 $p_0+p_1+p_2+p_3=1$。非播放动作发生的概率 $p_v=1-p_0$ 越大，即 p_0 越小，则获得的用户记录的交互强度越大。

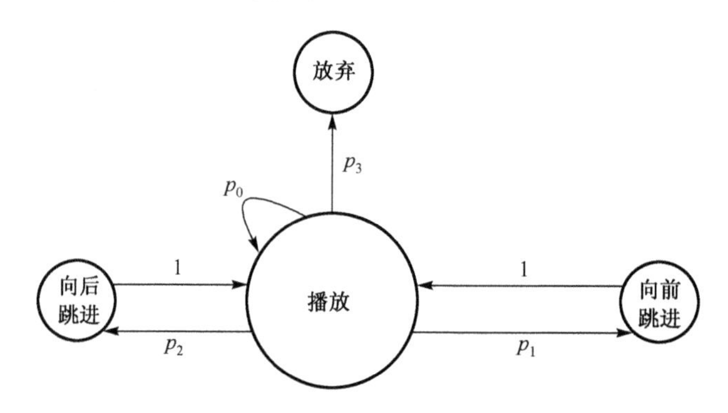

图 7-2　用户交互模型

定义流媒体系统 $S=(P,F,A)$，其中，$P=\{p_i \mid 1\leqslant i\leqslant n\}$ 是系统中节点集合，$F=\{f_i \mid 1\leqslant i\leqslant m\}$ 是系统中媒体对象集合，$A=\{$play, jumpforward, jumpbackward, abort$\}$，是用户可能会采取的全部动作，n 是系统中最大节点数目，m 是系统中最大媒体对象数目。

7.2.1　缓存接纳算法 PCA²ISM

每个客户请求到达时，代理都要执行如下缓存接纳算法 PCA²ISM。

(1)如果某个被访问的媒体对象没有访问日志,即它是第一次被访问,假定代理知道这个媒体对象的长度[6],则启动分段进程对媒体对象进行分段,同时要建立该媒体对象的访问日志,开始记录它被访问的历史,以后要根据被访问情况对这个日志进行不断更新。

(2)当用户请求访问某个媒体对象的段时,检查这个段是否已经在缓存中,如果在缓存中,直接通过缓存提供给用户,如果不在缓存中,则向媒体服务器请求。

(3)如果缓存有空闲空间,则在向用户显示前直接缓存它。如果缓存没有空闲空间,则由缓存替换算法决定是否需要缓存该段。

7.2.2　缓存替换算法 PCRAISM

代理中一旦没有可用的缓存,就要应用 PCRAISM 算法,PCRAISM 算法的基本思想是:如果缓存没有足够空间对媒体对象的后缀进行缓存,则将被请求的媒体对象的第一个没有被缓存的段与已经缓存的具有最小流行度的段进行比较,如果前者流行度大,则替换出后者,如果这个被访问对象的第一个未被缓存的段的流行度大于已缓存在代理中的流行度值次小的段,则替换这个流行度次小的段,直到有足够的缓存空间或者放弃缓存。

交互式媒体对象流行度函数:

$$\text{popularity}=\frac{T_{\text{sum}}}{T_{\text{last}}-T_{\text{first}}}\cdot \text{Min}\left\{1,\frac{(T_{\text{last}}-T_{\text{first}})/N}{T_{\text{c}}-T_{\text{last}}}\right\} \tag{7-1}$$

式中,T_c表示当前时间;$\text{Min}\left\{1,\frac{(T_{\text{last}}-T_{\text{first}})/N}{T_{\text{c}}-T_{\text{last}}}\right\}$ 表示以后访问的可能性。交互式媒体对象段流行度函数:

$$U=\text{popularity}\cdot\frac{\text{Time}}{T_{\text{sum}}} \tag{7-2}$$

因为媒体对象段的大小相同,磁盘存储成本对于交互式媒体对象段流行度的影响是相同的,所以流行度的表达式没有考虑磁盘存储成本。流行度函数对于缓存字节命中率等性能指标有很大的影响。

设第 s_x 段是在流媒体对象 x 中,用户请求的没有被缓存的第一个段,第 j_x 段是流媒体对象 x 的被缓存的段,U_{y_x} 表示流媒体对象 x 的第 y 段的流行度。

PCRAISM 算法的伪代码如下:

```
while(用户交互请求数<10){
    if(用户请求播放动作){
        while(没有足够空间缓存流媒体对象 i 的第 si段){
            if(流媒体对象是第一次或者第二次被访问)
```

```
                不能缓存流媒体 i 的第 s 段，结束 PCRAISM 算法。
            else {
                查找目前没有被客户请求的流媒体对象集，而且该对象集中的对象已经
                至少被客户请求 2 次，并且该对象被缓存的段数>1，作为可以替换的流
                媒体对象的候选集合；
                if(候选集合是非空){
                    在可替换流媒体候选集合中找到适当流媒体 Q，它的被缓存的段 j
                    的流行度值最小；
                    if(U_{j_Q} < U_{s_i})
                        释放流媒体 Q 的被缓存的最后段 j，增加空闲空间；
                    else
                        不能缓存流媒体 i 的第 s_i 段，结束 PCRAISM 算法；
                }
                else                  //候选集合是空
                    不能缓存流媒体 i 的第 s_i 段，结束 PCRAISM 算法；
            }    //流媒体对象不是第一次或者第二次被访问时的情况。
        }    //结束 while(没有足够空间缓存流媒体对象 i 的第 s_i)循环

        if(有足够空闲空间缓存流媒体 i 的第 s_i 段){
            缓存流媒体 i 的第 s_i 段；
            s_i = s_i + 1；//准备缓存下一个段
        }
        更新必要的媒体对象访问日志和段的访问日志
    }
    else {
        if(用户请求跳进动作)
            改变用户当前的播放点
        else                  //用户请求放弃动作
            结束 PCRAISM 算法
    }
}
```

结束 PCRAISM 算法。

7.3 仿真实验

为了评价该算法的性能，本章采用两种参数作为衡量指标：字节命中率和被延迟的请求率。其中，被延迟的请求率是被延迟的用户请求数目和所有用户请求

数目的比值，这是因为每个交互动作发生时，被请求的初始部分没有被缓存到代理服务器（例如会话开始时，用户选择跳进，就可能跳过前缀，这时就会造成被延迟的请求；在会话期间，如果播放点附近没有被缓存，也会造成被延迟的请求）。被延迟的请求率用来评价客户可感觉的延迟程度，被延迟的请求率越低，客户体验到的每个请求的平均时延越小[5]。

流媒体对象长度分布并不均匀，对于娱乐型视频流媒体文件如电影，其文件长度可达到 1h 左右，对于一般教学用视频剪辑，某些片断单独成一个视频流文件，其他一些视频文件如体育、时事新闻等一般也在 30min 以内，而流媒体对象文件长度又影响用户访问媒体对象的特征[9,10]，本章只是针对长度均匀分布在 5～30min 以内的流媒体对象，这样用户对某媒体对象进行跳进访问的平均距离就是 40s[10]。

设流媒体服务器包含 100 个 CBR 流媒体对象，其访问概率服从参数 $\theta=0.271$的 Zipf 分布[5,6]，流媒体采用 MPEG-1 编码（传输速度 1.5Mbit/s），跳进长度服从对数正态分布[5,10]，其概率密度函数是 $f(x)=\dfrac{e^{-(\ln x-u)^2/2\sigma^2}}{x\sigma\sqrt{2\pi}}$，其中，$u=-4.5$，$\sigma=1.01$，播放长度服从对数正态分布[5,10]，其中，$u=-4.19$，$\sigma=1.13$，通过配置用户交互动作的发生概率参数，获得了 3 组不同用户请求模式和交互强度的用户记录，记为 $A\sim C$。每个用户记录都有 100 个视频媒体和 1500 个用户会话。表 7-1 给出不同用户请求模式的参数配置。

表 7-1　用户请求模式参数配置

用户记录	P_{play}	P_{jump}	P_{abor}
A	0.25	0.70	0.05
B	0.40	0.30	0.30
C	0.70	0.25	0.05

如图 7-3～图 7-5 所示，在 A、B、C 模式下，字节命中率都随代理缓存的变大而增加，被延迟的请求率都随代理缓存的变大而减少。在 A、B 模式下，P^2CAS^2IM 算法获得了比 Popwise 算法更高的字节命中率、更低的被延迟的请求率。在 C 模式下，当代理缓存空间是全部媒体对象总文件的 0%～40%时，Popwise 算法的字节命中率比 P^2CAS^2IM 算法高，但随着代理缓存的变大，P^2CAS^2IM 算法增加的更快，当代理缓存空间超过全部媒体对象总文件的 50%时，P^2CAS^2IM 算法的字节命中率已经超过了 Popwise 算法，被延迟的请求率也低于 Popwise 算法，说明 P^2CAS^2IM 算法尤其适合于交互强度大的用户请求模式。

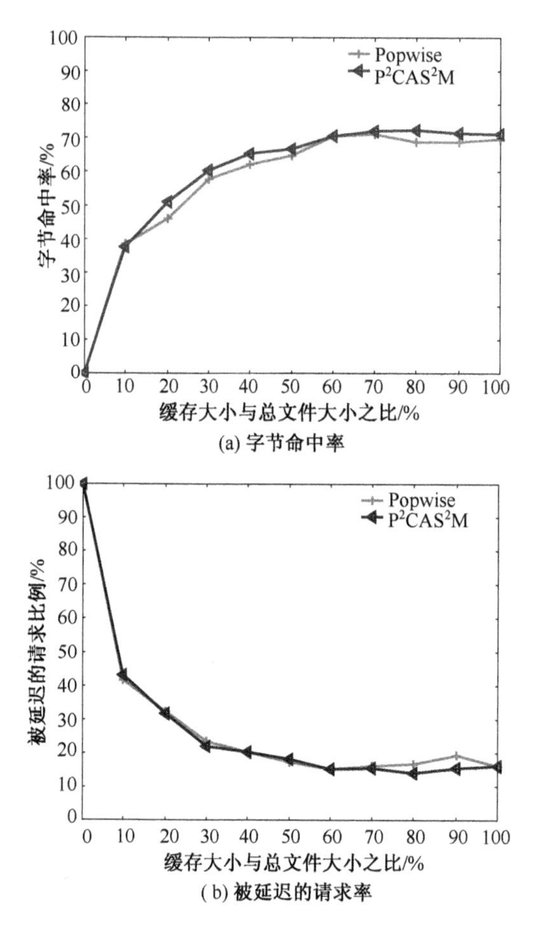

(a) 字节命中率

(b) 被延迟的请求率

图 7-3　A 用户请求的字节命中率和被延迟的请求率

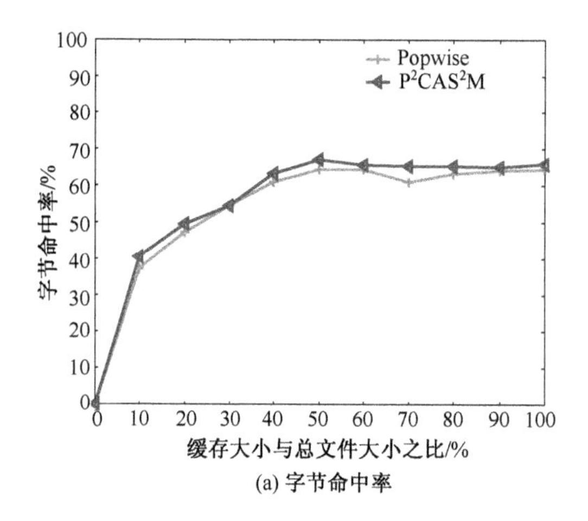

(a) 字节命中率

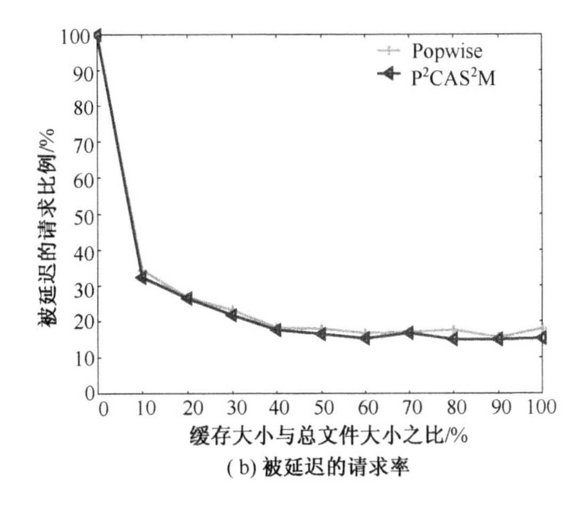

(b) 被延迟的请求率

图 7-4　*B* 用户请求的字节命中率和被延迟的请求率

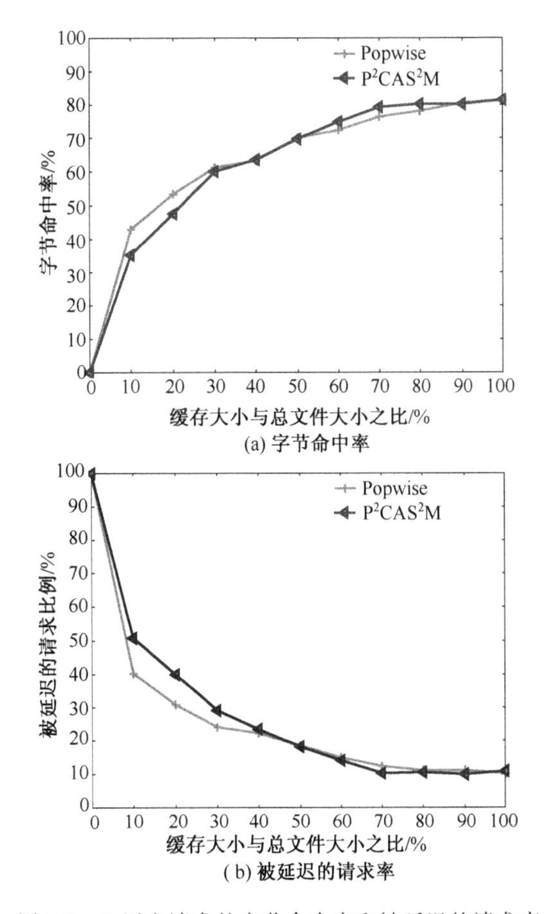

(a) 字节命中率

(b) 被延迟的请求率

图 7-5　*C* 用户请求的字节命中率和被延迟的请求率

7.4 小　结

交互式场景下用户不一定总是从媒体对象的开始部分开始请求播放，本章提出了一种新的基于交互式段流行度的流媒体代理服务器缓存算法，使流媒体对象的段在代理服务器中缓存的数据量和其流行度成正比。仿真结果表明，P^2CAS^2IM 算法可以提供较小的被延迟的请求率和较高的字节命中率，尤其适合于交互强度较高的用户请求。当用户交互强度较弱，缓存大小占总文件大小的比例较小时，P^2CAS^2IM 算法的性能不如 Popwise 算法，如何针对这种情况进行改进是下一步需要考虑的问题。另外，不同客户群体对流媒体质量的要求也不同，甚至差别很大，体现在代理服务器缓存上，就是如何根据不同用户要求，对不同媒体对象区别对待，这也是下一步需要考虑的问题。

参考文献

[1] Yang B, Liao J X, Zhu X M. Two-level proxy: the media streaming cache architecture for GPRS mobile network. The International Conference on Information Networking, 2006, 2006:16-19.

[2] 雷正雄. 增强型媒体服务器及其在下一代通信网络中的应用研究. 北京:北京邮电大学, 2006.

[3] Branch P, Egan G, Tonkin B. A client caching scheme for interactive video-on-demand. IEEE of Int'l Conf. Networks, Brisbane, 1999.

[4] Fei Z M, Ammar M H, Kamel I, et al. An active buffer management technique for providing interactive functions in broadcast viedo-on-demand systems. IEEE Transaction on Multimedia, 2005, 7(5): 942-950.

[5] 刘威，程文青，杜旭，等. 交互式流媒体代理缓存. 计算机研究与发展, 2006, 43(4): 594-600.

[6] Chen S Q, Shen B, Wee S, et al. Adaptive and lazy segmentation based proxy caching for streaming media delivery. The ACM Int'l Workshop on Network and Operating Systems Support for Digital Audio and Video, Monterey, 2003.

[7] Hofmann M, Eugene Ng T S, Guo K, et al. Caching techniques for streaming multimedia over the Internet. Bell Laboratories, Tech, 1999,Rep: BL011345-990409-04TM.

[8] Almeida J M, Krueger J, Eager D L, et al. Analysis of educational media server workloads //Proc. NOSSDAV, Port Jefferson, 2001.

[9] Padhye J, Kurose J. An empirical study of client interactions with a continuous-media courseware server //Proc. NOSSDAV, Cambridge, 1998.

[10] Cristiano P. Costa, Italo S. Cunha, Alex Borges, et al. Analyzing client interactivity in streaming media //Proceedings of the 13th International Conference on World Wide Web, 2004.

[11] He L, Grudin J, Gupta A. Designing presentations for on-demand viewing //Proc. ACM 2000 Conf. on Computer Supported Cooperative Work, Philadelphia, 2000.

[12] Acharya S, Smith B, Parnes P. Characterizing user access to videos on the World Wide Web //Proc. MMCN, San Jose, 2000.

[13] Tang W, Fu Y, Cherkasova L, et al. Medisyn: a synthetic streaming media service workload generator //Proc. Nossdav, Monterey, 2003.

第 8 章　基于对等网络的流媒体数据分配算法

本章提出了一种基于对等网络的流媒体数据分配算法 DA^2SM_{P2P}，可根据网络环境的变化动态调整数据分配，在提供节点中途失效时，可以比 $MBDA_{P2P}$ (Minimum Buffering Delay media data Assignment algorithm)算法、OTS_{P2P}算法和 Algorithm_1 算法保持更好的流媒体的连续性；提供节点没有失效时，所取得的段缓存延迟与 $MBDA_{P2P}$算法相同，比 OTS_{P2P}算法和 Algorithm_1 算法小。DA^2SM_{P2P}算法保持连续播放的最小缓存延迟和 $MBDA_{P2P}$算法、OTS_{P2P}算法相同，比 Algorithm_1 算法小。

由于流媒体文件数据量大、持续时间长，流媒体服务面临着许多挑战。近年来，P2P 技术[1]飞速发展，成为 Internet 中活跃的技术。P2P 技术允许系统中的任意两台计算机对等访问。P2P 模式提供了利用大量对等节点的闲置资源(如大量计算处理能力以及海量储存潜力)的机会，在数据分配与控制、负载平衡等方面具有显著优势[2]，避免了 C/S 模式容易引起的单点失效和产生网络瓶颈的问题。有人曾预言对等网可能会成为未来互联网的基础，因此，基于 P2P 的流媒体服务体系的研究已引起重视，数据分配算法是其中的热点之一。

8.1 节对已有的数据分配算法进行分析，尤其对它们的不足进行论述。8.2 节详细讨论基于对等网络的流媒体数据分配算法 DA^2SM_{P2P}。8.3 节从理论和仿真实验两方面分析了四种算法，DA^2SM_{P2P}算法可根据网络环境的变化动态调整数据分配，在提供节点中途失效时，可以比 $MBDA_{P2P}$算法、OTS_{P2P}算法和 Algorithm_1 算法保持更好的流媒体的连续性；提供节点没有失效时，所取得的段缓存延迟与 $MBDA_{P2P}$算法相同，比 OTS_{P2P}算法和 Algorithm_1 算法小。DA^2SM_{P2P}算法，$MBDA_{P2P}$算法和 OTS_{P2P}算法的保持连续播放的最小缓存延迟是相同的，都比 Algorithm_1 算法小。8.4 节总结全章，指出今后的研究方向。

8.1　P2P 流媒体数据分配算法

文献[3]提出了 OTS_{P2P}算法，媒体对象的数据由不同的供应节点提供，根据节点输出带宽的不同，将节点分成不同的类，第 n 类节点的输出带宽是 $R_0/2^n$，R_0是媒体对象的播放速率，请求媒体对象的节点运行 OTS_{P2P}算法，将媒体对象的数据分配给不同的供应节点，获得最优的分配结果，取得最小的缓存延迟，但是它对每类节点提供的输出速率进行了假设，要求每类节点的输出带宽是 $R_0/2^n$，而且要求被请求的媒体对象的段的数目是 2^n，缺乏一般性，而且该算法是静态分配算法，不能根据网络的环境进行变化，当系统出现拓扑变化和带宽波动等情况时，需要启动算法重新进行分配。文献[4]提出了 MBDA_{P2P} 算法，它考虑了已分配资源块，待分配的资源块以及各资源块实际产生的缓存延迟，实现了动态分配策略，能够适应不稳定的网络环境，但它在媒体对象的提供节点在提供媒体对象时不离开的情况下会取得很好的性能，而 P2P 网络的节点通常是不稳定的，媒体对象的提供节点有可能中途退出系统。Algorithm_1 算法[3]是将被请求的媒体对象的段按照段的顺序依次分配给提供节点，但应用于 P2P 流媒体传输时具有较大的缓存延迟[3,4]。为此，本章提出了 $\text{DA}^2\text{SM}_{\text{P2P}}$ 算法，尽可能提供连续的流媒体服务，适应不稳定的网络环境。

8.2　$\text{DA}^2\text{SM}_{\text{P2P}}$ 算法

定义流媒体系统 $G=(P,F)$，其中，$P=\{p_i \mid 1\leqslant i\leqslant n\}$ 是系统中节点集合，$F=\{f_i \mid 1\leqslant i\leqslant m\}$ 是系统中媒体对象集合，n 是系统中最大节点数目，m 是系统中最大媒体对象数目。本章将媒体对象等分[3]，每段长度相同，假设每个媒体对象有 x 个段，$f_i(j)$ 是媒体对象 i 的第 j 数据块，$f_i=\{f_i(j) \mid 1\leqslant j\leqslant x\}$，可提供媒体对象 k 的节点集合是 P_k，请求媒体对象 k 的节点是 p_k，节点 p_k 播放媒体对象 k 所需要的入口带宽是 B_k，节点集合 P_k 中的节点 p_i 提供给节点 p_k 的出口带宽为 $B_k(p_i)$，采用一定的节点选择策略求出提供媒体对象 k 的节点集合 S，为了使提供节点的个数最小，本章优先选择出口带宽大的候选节点作为媒体对象的提供节点，其中

$$S=\left\{s_i^k \,\middle|\, 1\leqslant i\leqslant l, B_k\leqslant \sum_{i=1}^{l} B_k(s_i^k)\subseteq P_k\right. \tag{8-1}$$

式中，l 本章取满足条件的最小整数值；$B_k(s_1^k)\geqslant B_k(s_2^k)\geqslant\cdots\geqslant B_k(s_l^k)$。$A_{s_i^k}$ 表示分配给节点 s_i^k 传输的媒体对象 k 的段的集合，$\text{length}(A_{s_i^k})$ 表示分配给节点 s_i^k 的段数，$t(s_i^k, f_k(j))$ 表示节点 s_i^k 传输段 $f_k(j)$ 所用的时间，$T(s_i^k, f_k(j))$ 表示段 $f_k(j)$ 分配给节点 s_i^k 以后段 $f_k(j)$ 传输完成的时刻，$T'(s_i^k, f_k(j))$ 表示段 $f_k(j)$ 分配给节点 s_i^k 以后段 $f_k(j)$ 开始传输的时刻，$T(k)$ 表示媒体对象 k 启动传输的时刻，则缓存区长度为 m 时的段缓存延迟为

$$L_k(m) = \max\{T(s_i^k, f_k(j)) \mid 1 \leqslant j \leqslant m\} - T(k) \tag{8-2}$$

保持连续播放的最小缓冲延迟是在保持媒体对象被连续播放的条件下，媒体对象开始传输的时刻和在请求节点上开始播放时刻之间的最小时间段[3]。

DA^2SM_{P2P}算法首先将媒体对象段 $f_i(j)$ 试分配给每个节点 s_i^k，计算分配给各个节点时媒体对象的段 $f_i(j)$ 的缓存延迟，将 $f_i(j)$分配给延迟最小的节点，当有两个节点的延迟相同时，例如，两个提供节点 s_i^k 和 $s_{i'}^k$，其中，$T(s_i^k, f_k(j)) = T(s_{i'}^k, f_k(j))$，如果 $T'(s_i^k, f_k(j)) < T'(s_{i'}^k, f_k(j))$，则将 $f_i(j)$ 分配给 s_i^k，其他情况类似。

DA^2SM_{P2P}算法的伪代码如下：

```
for(int j=1; j<=x; j++){ //对媒体对象的全部段进行分配
    for (int i=1; i<= l; i++){//对节点集合 S 中的所有节点
        t (s_i^k,f_k(j))=length (f_k(j))/B_k(s_j);
        T (s_i^k,f_k(j))=T'(s_i^k,f_k(j))+t(s_i^k,f_k(j));
    }
        T_min =T(s_1^k, f_k(j));
        T'_min = T'(s_1^k, f_k(j));
        min=1;
        for(int a=1; a<=l; a++) {
            if(T_min>T(s_a^k, f_k(j))) {
                T_min =T(s_a^k, f_k(j));
                    min=a;
                }
                else{
                    if(T_min ==T(s_a^k, f_k(j))) {
                        if(T'_min>T'(s_a^k,f_k(j)))
                            T'_min=T'(s_a^k,f_k(j));
                            min=a;
                    }
                }

        }// 结束 for(int a=l; a<=(a++)循环
    f_k(j)分配给节点 s_min^k;
}//结束 DA^2SM_P2P算法
```

8.3 算 法 分 析

8.3.1 理论分析

假设用户顺序播放流媒体对象[5]，流媒体对象是 CBR，流媒体对象的段大小相同，每个段的播放长度是 E(单位的数量级是秒)[3]，一个流媒体系统中有一个请求媒体对象 k 的节点，系统选择了最大的五个出口带宽的节点(s_1、s_2、s_3、s_4、s_5)作为提供节点，而且这五个提供节点的出口带宽满足式(8-1)，媒体对象有 15 个段，$\text{length}(A_{s_1}^k)=5$，$\text{length}(A_{s_2}^k)=4$，$\text{length}(A_{s_3}^k)=3$，$\text{length}(A_{s_4}^k)=2$，$\text{length}(A_{s_5}^k)=1$，$B_k(s_1^k)=\frac{1}{3}B_k$，$B_k(s_2^k)=\frac{4}{15}B_k$，$B_k(s_3^k)=\frac{1}{5}B_k$，$B_k(s_4^k)=\frac{2}{15}B_k$，$B_k(s_5^k)=\frac{1}{15}B_k$，即 $B_k(s_1^k)+B_k(s_2^k)+B_k(s_3^k)+B_k(s_4^k)+B_k(s_5^k)=B_k$。图 8-1 所示为 MBDA_{P2P} 算法的分配结果，图 8-2所示为 $\text{DA}^2\text{SM}_{\text{P2P}}$ 算法的分配结果，图 8-3 所示为 OTS_{P2P} 算法的分配结果，图 8-4 所示为 Algorithm_1 算法[3,4]的分配结果。

s_1	1	4	7	10	11
s_2	2	5	9	12	
s_3	3	8	13		
s_4	6	14			
s_5	15				

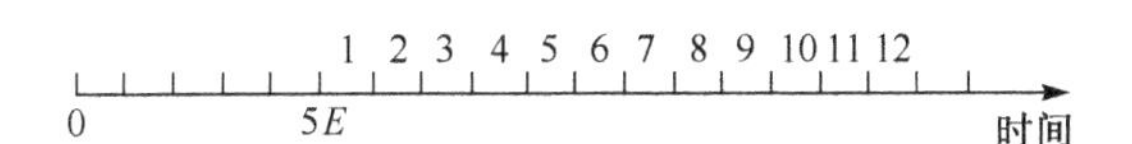

图 8-1　MBDA_{P2P} 算法的分配结果

s_1	1	4	7	10	15
s_2	2	6	9	14	
s_3	3	8	13		
s_4	5	12			
s_5	11				

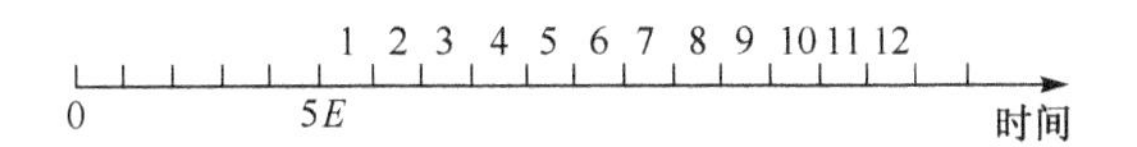

图 8-2　$\text{DA}^2\text{SM}_{\text{P2P}}$ 算法的分配结果

由图可知，MBDA_{P2P} 算法、$\text{DA}^2\text{SM}_{\text{P2P}}$ 算法和 OTS_{P2P} 算法在相同媒体对象而且提供节点没有失效的情况下，保持连续播放的最小缓存延迟是相同，都是 $5E$，而 Algorithm_1 算法是 $11E$，具有较大的缓存延迟，这与文献[3]和[4]的结论相同。

s_1	1	3	6	10	15
s_2	2	5	9	14	
s_3	4	8	13		
s_4	7	12			
s_5	11				

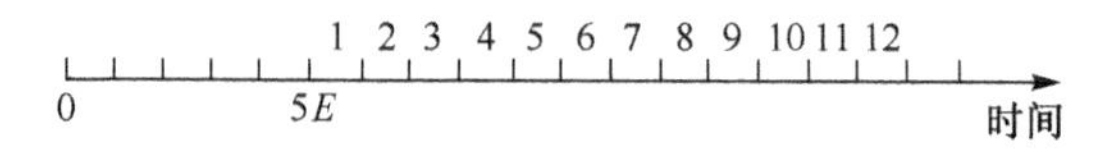

图 8-3　OTS_{P2P}算法的分配结果

s_1	1	2	3	4	5
s_2	6	7	8	9	
s_3	10	11	12		
s_4	13	14			
s_5	15				

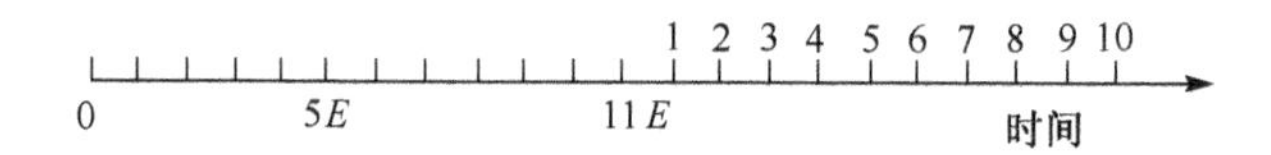

图 8-4　Algorithm_1 算法的分配结果

$MBDA_{P2P}$算法和 DA^2SM_{P2P}算法都是动态分配算法，都能根据网络环境进行调整，这两种算法在相同媒体对象和相同缓存区长度以及提供节点没有失效的情况下，所取得的段缓存延迟 $L_k(m)$也相同[3,4]。当到达时刻 $7E$ 时，如果节点 s_1^k 中途失效，OTS_{P2P}算法、$MBDA_{P2P}$算法和 Algorithm_1 算法都比 DA^2SM_{P2P}算法先出现不连续。当到达时刻 $12E$ 时，$MBDA_{P2P}$算法已经分别收到段 $f_k(15)$、段 $f_k(14)$、段 $f_k(13)$、段 $f_k(12)$ 的一部分(其顺序按照每个段收到的数据量由大到小排列)，DA^2SM_{P2P}算法已经分别收到段 $f_k(11)$、段 $f_k(12)$、段 $f_k(13)$、段 $f_k(14)$ 的一部分(其顺序按照每个段收到的数据量由大到小排列)，OTS_{P2P}算法和 DA^2SM_{P2P}算法相同，Algorithm_1 算法甚至连第 5 段还没有接收到，这时如果节点 s_1^k 中途失效，DA^2SM_{P2P}算法可以比 $MBDA_{P2P}$算法和 Algorithm_1 算法保持更好的流媒体的连续性，尽可能减少流媒体对象出现不连续性的程度，其他情况类似。媒体对象的段的数量越多，这个优势越明显，虽然越后面的段，用户得到的不连续越剧烈，不过考虑到实际的用户往往只是访问媒体对象的部分[6-8]，DA^2SM_{P2P}算法仍然有实际意义。OTS_{P2P}算法和 Algorithm_1 算法是静态分配算法，当系统出现拓扑变化和带宽波动等情况时，需要启动算法重新进行分配，而在相同媒体对象、相同缓存区长度以及提供节点没有失效的情况下，它们所取得的段缓存延迟 $L_k(m)$也比 $MBDA_{P2P}$算法和 DA^2SM_{P2P}算法大[4]。

8.3.2　仿真实验

设流媒体系统中一个请求节点请求的媒体对象的大小是 800Mbit，它被等分成 100 个段，$MBDA_{P2P}$算法、DA^2SM_{P2P}算法和 OTS_{P2P}算法按照相同的节点选择策略选择提供节点，本实验选择了五个提供节点，它们的出口带宽分别是 100Kbit/s、200Kbit/s、300Kbit/s、400Kbit/s 和 500Kbit/s，每个段的大小是 8Mbit，流媒体采用 MPEG-1 编码(传输速度为 1.5Mbit/s)，即流媒体播放的入口带宽是 1.5Mbit/s，提供节点没有失效时，几种算法的段缓存延迟如图 8-5 所示，仿真结果与 8.3.1 节的分析相同，其中，DA^2SM_{P2P}算法和 $MBDA_{P2P}$算法的曲线基本重合。

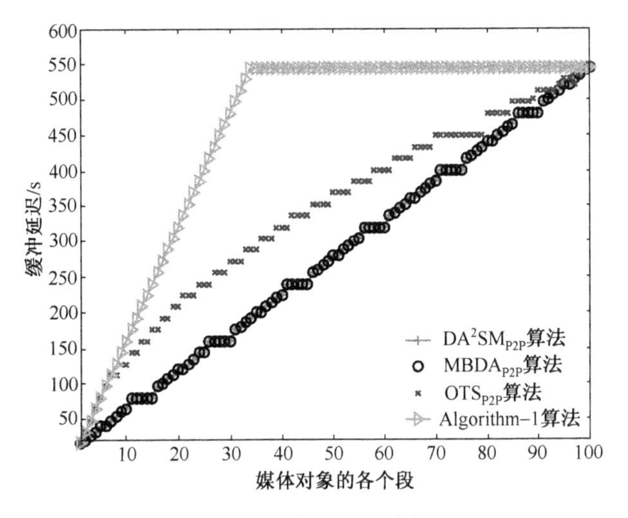

图 8-5　几种算法的段缓存延迟

8.4　小　　结

本章提出了一种 P2P 流媒体数据分配算法 DA^2SM_{P2P}，可根据网络环境的变化动态调整数据分配。在提供节点中途失效时，可以比 $MBDA_{P2P}$算法、OTS_{P2P}算法和 Algorithm_1 算法保持更好的流媒体的连续性；提供节点没有失效时，所取得的段缓存延迟与 $MBDA_{P2P}$算法相同，比 OTS_{P2P}算法和 Algorithm_1 算法小。DA^2SM_{P2P}算法保持连续播放的最小缓存延迟与 $MBDA_{P2P}$算法和 OTS_{P2P}算法相同，比 Algorithm_1 算法小。但是，DA^2SM_{P2P}算法不能完全避免媒体对象的不连续性，下一步需要考虑当某媒体对象提供节点失效时，如何在 DA^2SM_{P2P}算法基础上，快速找到替换节点，避免媒体对象的不连续性；另外，在基于 P2P 网络的流媒体系统中，媒体对象提供节点的激励机制也是下一步考虑的问题。

参 考 文 献

[1] 张联峰,刘乃安,钱秀槟,等. 综述:对等网(P2P)技术. 计算机工程与应用，2003.12：142-145.

[2] 王丹,于戈. P2P 系统模型研究. 计算机工程，2005,31(4)：128-130.

[3] Xu D，Hefeeda M，Hambrusch S，et al. On peer-to-peer media streaming. IEEE Conference on Distributed Computing Systems，2002：363-371.

[4] 杨薇薇,黄年松. 一种 P2P 流媒体数据传输任务分派算法. 华中科技大学学报(自然科学版)，2005,33 (5):26-28.

[5] 肖明忠,李晓明,刘翰宇,等. 基于流媒体文件字节有用性的代理服务器缓存替代策略. 计算机学报，2004，27(12):1633-1641.

[6] Padhye J，Kurose J. An empirical study of client interactions with a continuous-media couresware server. The ACM Int'l Workshop on Network and Operation Systems Support for Design Audio and Video，Cambridge，1998.

[7] Almeida J，Krueger J，Euger D L，et al. Analysis of educational media server workloads. The ACM Int'l Workshop on Network and Operating Systems Support for Design Audio and Video，New York，2001.

[8] Branch P，Egan G，Tonkin B. A client caching scheme for interactive video-on-demand. IEEE of Int'l Conf. Networks，Brisbane，1999.

第 9 章　基于对等网络的流媒体接纳控制算法

本章提出了基于对等网络的流媒体接纳控制算法，针对不同节点有不同的入口带宽和出口带宽的情况，优先选择贡献率大的请求节点为之提供服务。在网络中所有节点的入口带宽都相同时，该算法可以取得和分布式 DAC_{P2P} (Distributed Differentiated Admission Control Protocol)算法相同的系统容量；在所有节点的入口带宽不同时，可以取得比 DAC_{P2P} 算法更高的系统容量。

流媒体系统中要解决的一个主要问题是流媒体文件的传输问题，其中，选择适当的流媒体文件的下载模式是提高系统整体效率的有效途径之一。随着 P2P 技术的发展[1-13]，基于 P2P 的流媒体服务体系的研究已引起重视，其中，接纳控制算法是其中的热点之一。

9.1 节对已有的接纳控制算法进行分析，尤其对它们的不足进行论述。9.2 节详细讨论本章提出的基于对等网的流媒体接纳控制算法 A^2CSM_{P2P}。9.3 节的算法分析表明，在网络中所有节点的入口带宽都相同时，A^2CSM_{P2P} 算法可以取得和 DAC_{P2P} 算法相同的系统容量；在所有节点的入口带宽不同时，可以取得比 DAC_{P2P} 算法更高的系统容量。9.4 节总结全章，指出今后的研究方向。

9.1　当前算法中的问题

目前已经有很多学者研究接纳控制算法[14-17]，文献[14] 提出了基于成本和资源预留的接纳控制算法，将“奖金”和“罚款”引入到成本策略中，根据成本策略，资源能够被预留给不同类型的请求，使得整个系统能够获得最大的奖金，但它考虑的是视频对象、图片和文本的接纳，而不专门针对各种视频对象。文献[15]提出了统计接纳控制算法，满足了对流媒体服务器磁盘 I/O 请求的调度，提出了三个任意变量模型，但它只是针对单一流媒体服务器，而不是从整个网络的角度考虑问题。为了提高公平性，当没有足够的带宽时，文献[16]使用缓存来保存访问请求，如果一个请求到达时，没有足够带宽，而这时缓存是空的，这个访问请求被允许进入缓存，可以一直等到有足够带宽时，接纳这个访问请求被，同时清除缓存；如果访问请求到达时，另外一个访问请求正在缓存中等待，则这个新的访问请求将被拒绝，但这个算法的主要缺点是它没有讨论缓存大小，而只是假设缓存是无限大，这在实际中往往很难实现。

文献[17]提出了 DAC_{P2P} 算法，为了快速扩大 P2P 流媒体系统的提供能力，DAC_{P2P}算法优先提供给出口带宽大的请求节点，当这些节点以后成为提供节点时，它们就能够更快地扩大整个流媒体系统的提供能力，但是它对每类节点提供的输出速率进行了假设，而且假设网络中全部节点的入口带宽都是相同的，但事实上，网络中的节点往往对流媒体的质量有不同的要求，通常对质量要求高的用户需要付出更多的金钱或者具备更高等级，所以不同节点的入口带宽一般是不同的[18]。为此，本章提出了 A^2CSM_{P2P} 算法，对节点的入口带宽和出口带宽没有假设，优先满足贡献率大的请求节点。

9.2　A^2CSM_{P2P}算法

9.2.1　提供节点

本章假定同一个提供节点对于不同的请求节点的出口带宽是相同的。采用 8.2 节提出的符号约定。

本章定义的节点 p_i的贡献率为

$$\mathrm{Contr}(p_i) = \frac{B_k(p_i)}{B_k + B_k(p_i)} \tag{9-1}$$

将全部节点按照贡献率大小排列，进行分类，第一类节点的贡献率最大，第二类节点的贡献率次之，……。为此本章设计两个堆栈，一个将全部节点按照贡献率大小进行降序排列，一个将全部节点按照出口带宽大小进行降序排列。

提供节点 s 保留一个接纳概率向量[prob(1)，prob(2)，…，prob(n)]。prob(i) ($1 \leqslant i \leqslant n$)是请求节点 p_i向 s 请求媒体对象时，如果提供节点 s 没有忙于另外一个媒体会话，s 会以 prob(i)的概率提供服务，假定提供节点 s 的贡献率是 a，则 s 的接纳概率向量如下。

(1)当节点 s 成为提供节点时，它的初始接纳概率向量为

$$\mathrm{prob}(i) = \begin{cases} 1, & a \leqslant \mathrm{Contr}(p_i) \\ \mathrm{Contr}(p_i), & \mathrm{Contr}(p_i) < a \end{cases} \tag{9-2}$$

(2)当提供节点 s 空闲时，它的接纳概率向量每隔 T_{out}时间更新一次，本章取 $T_{\mathrm{out}}=20\mathrm{min}$。对于 $\mathrm{Contr}(p_i) < a$ 的节点，$\mathrm{prob}(i)=\min(\mathrm{prob}(i)\times 2,1)$，对于 $a \leqslant \mathrm{Contr}(p_i)$ 的节点，prob(i)保持不变，如果提供节点在过去的 T_{out}时间里仍然空闲，则更新过程将一直进行下去，直到 prob(i)=1。

(3)当提供节点 s 刚完成一个流媒体会话，如果向节点 s 请求流媒体对象的请求节点 p_i，$\mathrm{Contr}(p_i) < a$，则节点 s 的接纳概率向量 $\mathrm{prob}(i)=\min(\mathrm{prob}(i)\times 2,$

1)，如果提供节点 s 至少收到一个请求节点 p_i，$a \leqslant \mathrm{Contr}(p_i)$，而提供节点因为忙没有提供服务，在某些情况下(9.3.2节)，请求节点将“标记”这个提供节点 s，设 a' 是请求节点中最小的贡献率，则提供节点的接纳概率向量更新为

$$\mathrm{prob}(j)=\begin{cases}1, & a' \leqslant \mathrm{Contr}(p_j)\\ \mathrm{Contr}(p_j) & \mathrm{Contr}(p_j) < a'\end{cases} \tag{9-3}$$

9.2.2 请求节点

(1)如果请求节点 p_i 能够获得足够多的满足条件AA的提供节点，则实现本次流媒体会话。条件AA是：这些提供节点在线而且没有忙于其他流媒体会话；它们愿意提供流媒体服务；它们的出口带宽的和 $\mathrm{sum}(B)=\sum_{i=1}^{l} B_k(s_i^k)$ 满足式(8-1)的要求。

(2)如果请求节点 p_i 不能够获得足够多的满足条件AA的提供节点，p_i 的请求服务将被拒绝，这时从忙的候选节点中选择 W 个节点，节点 p_i 将“标记”这些被选择的 W 个节点，W 个节点的出口带宽和大于等于 $B_i-\mathrm{sum}(B)$ 而且 W 个节点的 $\mathrm{prob}(i)=1$，设 W 个节点中最大贡献率是 b，即 $b \leqslant \mathrm{Contr}(p_i)$，当被选择的节点完成当前的流媒体会话时，这些“标记”将更新这些 W 个节点的接纳概率向量(9.2.1节)。

(3)如果提供节点满足了请求节点 p_i 的要求，当流媒体会话完成时，请求节点 p_i 可以为此后请求该媒体对象的请求节点服务，成为新的提供节点。如果请求节点 p_i 被拒绝，它会后退TT时间，如果被拒绝 n 次，则它会后退 $\mathrm{TT}\cdot E^{(n-1)}$，本章取 $\mathrm{TT}=10\mathrm{min}$，$E=2$。

9.3 算法分析

当请求播放媒体对象 k 的所有节点的入口带宽都相同时，即 B_k 是常数，如果 $B_k(p_i) < B_k(p_j)$，$\mathrm{Contr}(p_i) < \mathrm{Contr}(p_j)$，$\mathrm{A^2CSM_{P2P}}$ 算法和 $\mathrm{DAC_{P2P}}$ 算法是相同的，但是每个请求节点经常对媒体播放的质量有不同的要求，即它们的入口带宽往往是不同的，B_k 不是常量，而 $\mathrm{A^2CSM_{P2P}}$ 算法的节点贡献率充分考虑了这种情况。

假设在 t_0 时刻，P2P网络中有5个请求节点，分别是节点1～节点5，它们请求相同的流媒体对象，这时可以提供这个流媒体对象的节点有6个，分别是节点 A～节点 F。表9-1和表9-2分别是请求节点和提供节点的参数，其中，R 是网络中全部节点的最大的带宽。经过一个流媒体对象播放时间 T 以后，采用 $\mathrm{DAC_{P2P}}$ 算法的P2P网络的系统容量从开始的 $28R/15$ 增加到 $284R/120$，采用 $\mathrm{A^2CSM_{P2P}}$ 算法的P2P网络的系统容量从开始的 $28R/15$ 增加到 $313R/120$，如图9-1和图9-2所

示。DAC_{P2P}算法在[t_0，t_0+T]，(节点 1＋节点 2)→(节点 4＋节点 5＋节点 3)，表示节点 4、节点 5 和节点 3 能够同时满足请求节点 1 和请求节点 2 的要求，A^2CSM_{P2P}算法在[t_0，t_0+T]，(节点 5＋节点 4＋节点 2＋节点 3)→节点 1，表示节点 1 能够同时满足请求节点 5、请求节点 4、请求节点 2 和请求节点 3 的要求。同理，其他情况也类似。

表 9-1 请求节点的参数

请求节点	入口带宽	出口带宽	贡献率
1	R	$R/4$	1/5
2	$R/2$	$R/4$	1/3
3	$R/4$	$R/8$	1/3
4	$R/4$	$R/5$	4/9
5	$R/5$	$R/6$	5/11

表 9-2 提供节点的参数

提供节点	出口带宽
A	$R/4$
B	$R/4$
C	$R/2$
D	$R/2$
E	$R/6$
F	$R/5$

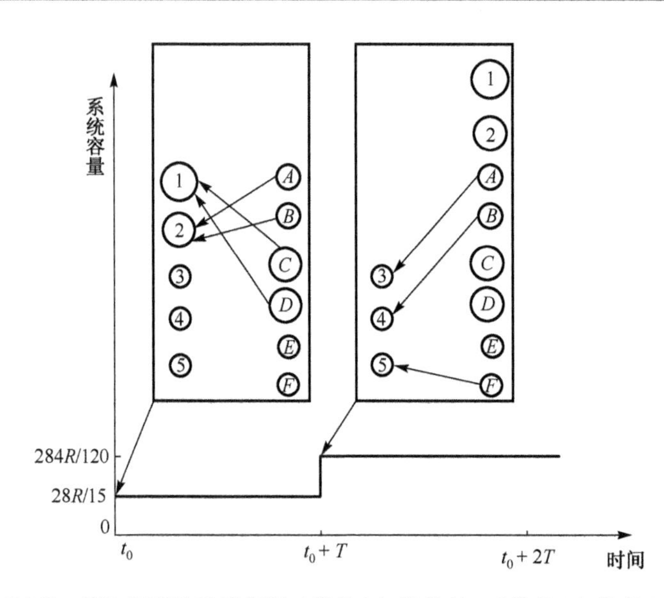

图 9-1 DAC_{P2P}算法实现的系统容量 (节点 1＋节点 2)→(节点 4＋节点 5＋节点 3)

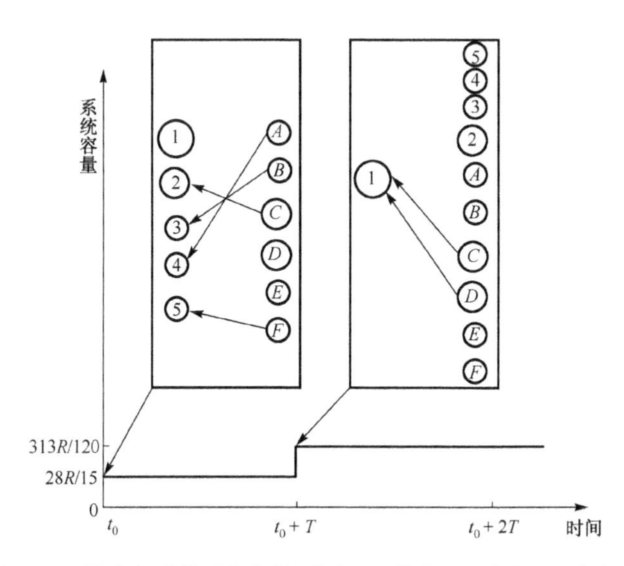

图 9-2　A^2CSM_{P2P}算法实现的系统容量(节点 5+节点 4+节点 2+节点 3)→节点 1

图 9-2 中，系统容量指流媒体系统中能够提供媒体对象的出口带宽总和，本章取系统容量 $c(t)=\frac{\sum B_k(S)}{R}$，其中，$S$ 是能够提供媒体对象的全部提供节点集合；R 是网络中全部节点的最大的带宽。

9.4　仿真实验

提供节点的个数是指系统中能够提供媒体对象的全部提供节点的个数总和。本章从系统容量和提供节点的个数两个方面来衡量 A^2CSM_{P2P}算法的性能。

设流媒体系统有 504 个节点，其中，500 个请求节点，4 个初始提供节点。提供节点拥有媒体对象的副本，媒体对象播放时间是 60min，系统中节点的入口带宽 B_k 在$[0,R]$均匀分布，出口带宽在$[0,B_k]$均匀分布，每个请求节点按照 A^2CSM_{P2P}算法选择提供节点。为了比较，本章也仿真一个非区分的接纳控制算法 NDA^2C_{P2P}(Non-Differentiated Admission Control Algorithm)[17]，每个提供节点对于请求节点的接纳概率都是 1，NDA^2C_{P2P}算法的其他参数和 A^2CSM_{P2P}算法、DAC_{P2P}算法相同。

图 9-3 所示为系统容量随时间变化的情况。NDA^2C_{P2P}算法、DAC_{P2P}算法和本章提出的 A^2CSM_{P2P}算法的系统容量都随着时间的增加而增加，在相同的时刻，A^2CSM_{P2P}算法的系统容量比 NDA^2C_{P2P}算法和 DAC_{P2P}算法都高。经过一段时间，系统中已经有了一定数量的提供节点，这时三种算法的系统容量增加速度都有较大提高，但 A^2CSM_{P2P}算法的优势更加明显，这是因为 A^2CSM_{P2P}算法综合考虑了节点的入口带宽和出口带宽。

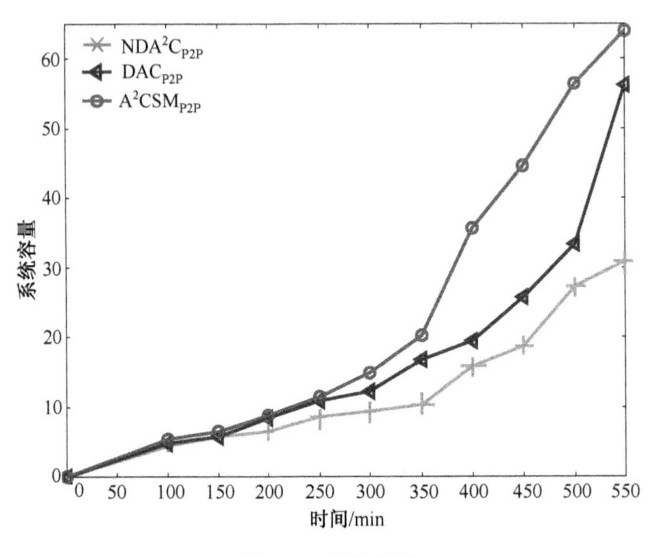

图 9-3　系统容量

图 9-4 所示为系统中提供节点的个数随时间变化的情况。NDA^2C_{P2P}算法、DAC_{P2P}算法和 A^2CSM_{P2P}算法的系统提供节点的个数都随着时间的增加而增加，在相同的时刻，A^2CSM_{P2P}算法的系统提供节点个数比 NDA^2C_{P2P}算法和 DAC_{P2P}算法都大。经过一段时间，系统中已经有了一定数量的提供节点，这时三种算法的系统提供节点个数的增加速度都有较大提高，但 A^2CSM_{P2P}算法的优势更加明显，这是因为 A^2CSM_{P2P}算法综合考虑了节点的入口带宽和出口带宽。

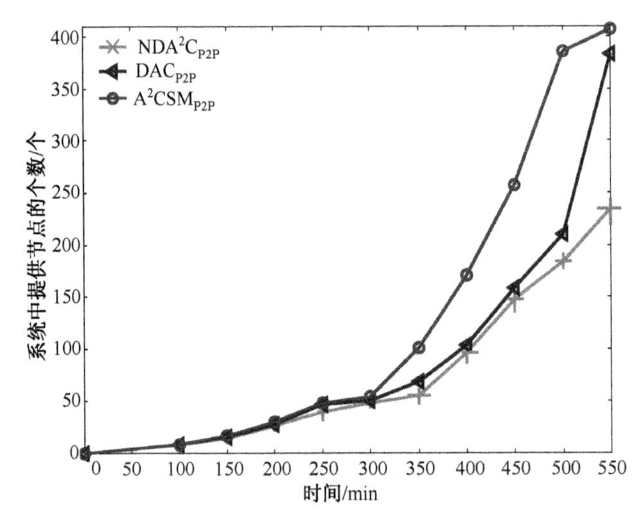

图 9-4　系统中提供节点的个数

围绕它们均值周围的散布情况，类间散布矩表示各类之间的散布情况。类间散布矩越小意味着各类样本内部越紧密，类间散布矩越大意味着各类样本之间可分性越好。如式(10-1)所示，其中，1 表示前景运动像素，0 表示背景像素，$I(t)$表示 t 时刻的视频帧：

$$B=\begin{cases}1, & I(t)-I(t-2)>F\\ 0, & I(t)-I(t-2)\leqslant F\end{cases} \tag{10-1}$$

设一个帧差图像的总灰度值分为 N 级，灰度值为 i 的像素点总数为 m_i，帧差阈值 F 将帧差图像分成 $M=[1, F]$和 $Q=[F+1, N]$两类，则灰度值为 i 的概率 $P_i=\frac{m_i}{\sum_{i=1}^{N} m_i}$，像素成为 M 类的概率 $P_M=\sum_{i=1}^{F} P_i$，像素成为 Q 类的概率 $P_Q=\sum_{i=F+1}^{N} P_i$，类 M 中的平均值 $\mu_M=\sum_{i=1}^{F}\frac{iP_i}{P_M}$，类 Q 中的平均值 $\mu_Q=\sum_{i=F+1}^{N}\frac{iP_i}{P_Q}$，帧差图像的灰度平均值 $\mu=\sum_{i=1}^{N} iP_i$，类 M,Q 之间的方差 $\sigma^2=P_M(\mu_M-\mu)^2+P_Q(\mu_Q-\mu)^2$。将 F 设定到使 σ^2 最大。

10.2.2　运动连续性特征

在很短时间内(视频帧之间)，目标运动具有很强的连续性，目标的速度可视为是恒定不变的[10]，因此，可以通过前几帧的图像估测跟踪目标的速度，进而由前几帧图像跟踪得到的目标位置估测出当前时刻的目标中心位置。

$$X(t, \text{row})=X(t-1, \text{row})\pm(X(t-1, \text{row})-X(t-2, \text{row})) \tag{10-2}$$

$$X(t, \text{col})=X(t-1, \text{col})\pm(X(t-1, \text{col})-X(t-2, \text{col})) \tag{10-3}$$

设 $X(t, \text{row})$表示 t 时刻当前目标中心位置的行坐标，如式(10-2)所示，$X(t, \text{col})$表示 t 时刻当前目标中心位置的纵坐标，如式(10-3)所示，rows 是图像的最大行数，图像的最小行数是 1，cols 是图像的最大列数，图像的最小列数是 1。考虑了人体运动的连续性，通过使用线性预测器来预测当前位置[11,12]。所以 $X(t, \text{row})$、$X(t-1, \text{row})$和 $X(t-2, \text{row})$的关系如式(10-4)所示，$X(t, \text{col})$、$X(t-1, \text{col})$和 $X(t-2, \text{col})$的关系如式(10-5)所示。

$$\begin{aligned}X(t, \text{row})\in[&\max(X(t-1, \text{row})-(X(t-1, \text{row})-X(t-2, \text{row})), 1),\\ &\min(X(t-1, \text{row})+(X(t-1, \text{row})-X(t-2, \text{row})), \text{rows})]\end{aligned} \tag{10-4}$$

$$\begin{aligned}X(t, \text{col})\in[&\max(X(t-1, \text{col})-(X(t-1, \text{col})-X(t-2, \text{col})), 1),\\ &\min(X(t-1, \text{col})+(X(t-1, \text{col})-X(t-2, \text{col})), \text{cols})]\end{aligned} \tag{10-5}$$

设跟踪窗口行宽是 width，纵长是 length，则当前时刻目标的行坐标如式(10-6)所示，纵坐标如式(10-7)所示，即目标在这个矩形范围内。

$$Y(t,\ \text{row}) \in [\max(X(t,\ \text{row}) - \text{width},\ 1),\ \min(X(t,\ \text{row}) + \text{width},\ \text{rows})] \tag{10-6}$$

$$Y(t,\ \text{col}) \in [\max(X(t,\ \text{col}) - \text{length},\ 1),\ \min(X(t,\ \text{col}) + \text{length},\ \text{cols})] \tag{10-7}$$

10.2.3 目标颜色特征

本章采用颜色特征来对目标进行准确定位，候选颜色特征包括图像的色调(hue)和饱和度(saturation)特征、R(Red)信道特征、G(Green)信道特征和 B(Blue)信道特征以及 R、G、B 的线性组合，如式(10-8)所示，其中一些线性组合是冗余的。例如，R+B+G 和 -R-G-B 产生的结果是相同的，只需保留两者之一，因此候选颜色特征共有 14 个。

$$F = \{a_1R + a_2G + a_3B\} \tag{10-8}$$

式中，$a_i \in \{-1,\ 0,\ 1\}$。

设本章使用 m 个 bin 的直方图，图像有 n 个像素点，它们的位置和在直方图中相应取值分别是$\{x_i\}_{i=1,\cdots,n}$，$\{q_u\}_{u=1,\cdots,m}$(R 信道特征、G 信道特征和 B 信道特征以及 R、G、B 的线性组合)或$\{q_{u(v)}\}_{u=1,\cdots,m;\ v=1,\cdots,m}$(色调和饱和度特征)。定义函数 $b:R^2 \to \{1,\cdots,m\}$，此函数表征每个像素颜色信息对应的离散区间值。直方图中，第 c 个颜色信息区间对应的值可以表示为

$$q_{u(v)} = \sum_{i=1}^{n}\delta[b(x_i) - u(v)] \quad 或 \quad q_u = \sum_{i=1}^{n}\delta[b(x_i) - u] \tag{10-9}$$

$$p_{u(v)} = \min\left(\frac{255}{\max(q_{u(v)})}q_{u(v)},255\right) \quad 或 \quad p_u = \min\left(\frac{255}{\max(q_u)}q_u,255\right) \tag{10-10}$$

在颜色概率分布图像 $p(x,y)$上，窗口区域的零阶矩为

$$M_{00} = \sum_x\sum_y p(x,y) \tag{10-11}$$

窗口区域的一阶矩为

$$M_{10} = \sum_x\sum_y xp(x,y) \tag{10-12}$$

$$M_{01} = \sum_x\sum_y yp(x,y) \tag{10-13}$$

跟踪点的坐标为

$$x = \frac{M_{10}}{M_{00}} \tag{10-14}$$

$$y = \frac{M_{01}}{M_{00}} \tag{10-15}$$

这样,基于颜色特征的CAMSHIFT算法实现步骤如下。

(1)在初始图像中设置需要跟踪的目标,确定跟踪窗口。

(2)从RGB图像中提取出R、G和B通道,然后将RGB图像转变成HSV(Hue, Saturation, Value)图像,提取出色调通道和饱和度通道。

(3)利用直方图逆投影(histogram back-projection)计算出跟踪窗口中像素的色调和饱和度概率分布以及R、G、B的线性组合的概率分布,如式(10-9)所示。

(4)将色调和饱和度概率分布以及R、G、B的线性组合的概率分布中的值域利用式(10-10)进行重新取值,使得值域由$[0, \max(q_{u(v)})]$或$[0, \max(q_u)]$投影到$[0, 255]$。

(5)按照一定规则在色调和饱和度特征以及R、G、B的线性组合的特征中选择适合的特征作为视觉跟踪算法的颜色特征,形成最终的颜色概率分布图$p(x,y)$。

(6)在颜色概率分布图中,计算窗口区域的零阶矩和一阶矩,分别如式(10-11)~式(10-13)所示,迭代算法直到通过式(10-14)和式(10-15)得到的(x, y)位置坐标没有明显位移或迭代到最大次数,一般这个最大次数取T次。

(7)根据求得的跟踪目标中心坐标,重新计算感兴趣区域,并作为后续帧初始位置和跟踪区域,返回步骤(5)。

10.3　动态自适应多线索融合

设目标区域和背景区域是同心的矩形,如图10-1所示,区域A是目标区域,区域B和C是背景区域。

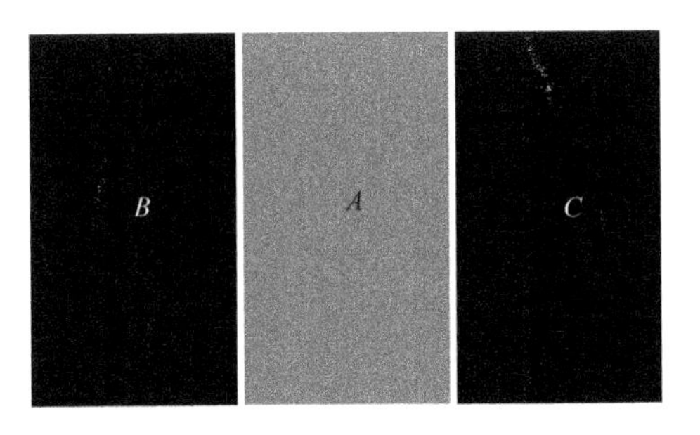

图10-1　目标区域A和背景的区域B和C

对于特征k,i是特征k的取值,设$H_1^k(i)$表示目标区域A中特征值的直方图,$H_2^k(i)$表示背景区域B和C中特征值的直方图,$p_k(i)$是目标区域A的离散概率分布,$q_k(i)$是背景区域B和C的离散概率分布,L_i^k是特征k的对数似然率,如式(10-16)所示，取 δ 为一个很小的正数，如 0.0001。$\mathrm{var}(L^k;\ p_k)$ 是相对目标类分布 $p_k(i)$ 的 L_i^k 的方差，如式(10-17)所示，$\mathrm{var}(L^k;\ q_k)$ 是相对背景类分布 $q_k(i)$ 的 L_i^k 的方差，如式(10-18)所示，$\mathrm{var}(L^k;\ R_k)$ 是相对目标和背景类分布的 L_i^k 的方差，如式(10-19)所示，$V(L^k;p_k,q_k)$ 是 L_i^k 的方差，如式(10-20)所示。$V(L^k;p_k,q_k)$ 表示了特征 k 能够把目标和背景相分离的能力，$V(L^k;p_k,q_k)$ 越大说明特征 k 越容易从背景中分离出目标，这个特征越可靠，越适合作为跟踪目标的特征。

$$L_i^k = \log \frac{\max\{p_k(i),\delta\}}{\max\{q_k(i),\delta\}} \tag{10-16}$$

$$\begin{aligned}\mathrm{var}(L^k;p_k) &= E[L_i^k * L_i^k] - (E[L_i^k])^2 \\ &= \sum_i p_k(i) * L_i^k * L_i^k - \Big[\sum_i p_k(i) * L_i^k\Big]^2\end{aligned} \tag{10-17}$$

$$\begin{aligned}\mathrm{var}(L^k;q_k) &= E[L_i^k * L_i^k] - (E[L_i^k])^2 \\ &= \sum_i q_k(i) * L_i^k * L_i^k - \Big[\sum_i q_k(i) * L_i^k\Big]^2\end{aligned} \tag{10-18}$$

$$\begin{aligned}\mathrm{var}(L^k;R_k) &= E[L_i^k * L_i^k] - (E[L_i^k])^2 \\ &= \sum_i R_k(i) * L_i^k * L_i^k - \Big[\sum_i R_k(i) * L_i^k\Big]^2\end{aligned} \tag{10-19}$$

式中

$$R_k(i) = [p_k(i) + q_k(i)]/2$$

$$V(L^k;p_k,q_k) = \frac{\mathrm{var}(L^k;R_k)}{\mathrm{var}(L^k;p_k) + \mathrm{var}(L^k;q_k)} \tag{10-20}$$

MFA 算法根据式(10-20)计算、检测、评判色调和饱和度特征、R 信道特征、G 信道特征和 B 信道特征，以及 R、G、B 的线性组合的可靠性。当它们的可靠性发生变化时，则按照可靠性的大小重新排列，取 $V(L_i^k;p_k,q_k)$ 最大的 $W(W\leqslant 14)$ 个特征作为跟踪目标的颜色特征。将多线索融合的方法应用到视觉跟踪系统中，假设 $P_k(\mathrm{row},\ \mathrm{colu},\ t)$ 是像素点(row, colu)在时刻 t，通过特征 k 得到的概率分布，它表征每个像素(row, colu)在特征 k 下属于目标区域的概率。$P(\mathrm{row},\ \mathrm{colu},\ t)$ 代表在时刻 t，$W+2$ 个特征(W 个颜色特征，一个预测目标位置特征和一个运动连续性特征)经过融合后的最终概率分布，它表征每个像素(row, colu)属于目标区域的概率，如式(10-21)所示。被选择的颜色特征 $k(k\in[1,\ W])$ 的归一化可靠性是 V_k，如式(10-22)所示。

$$P(\mathrm{row},\ \mathrm{colu},\ t) = \sum_{k=1}^{W+2} r_k * P_k(\mathrm{row},\ \mathrm{colu},\ t) \tag{10-21}$$

式中，r_k 是特征 k 的权值；$r_1,\ r_2,\cdots,\ r_w$ 是被选择的颜色特征的权值；r_{w+1} 是预测目标位置特征的权值；r_{w+2} 是运动连续性特征的权值；$\sum_{k=1}^{W+2} r_k = 1$。

归一化被选择的颜色特征 $k(k \in [1, W])$ 的可靠性为

$$V_k = \frac{V(L^k;\ p_k, q_k)}{\sum_{z=1}^{W} V(L^z;\ p_z, q_z)} \tag{10-22}$$

$$\bar{V}_k = V_k * r \tag{10-23}$$

式中，r 是全部颜色特征的总的权值。

$$\tau r'_k = \bar{V}_k - r_k,\qquad k \in [1, W] \tag{10-24}$$

式中，$\bar{V}_k$ 表示当需要调整颜色特征 k 的权值时，前一帧中颜色特征 k 的可靠性，如式(10-23)所示；τ 是控制权值更新速度的时间常量。利用式(10-24)可以对每个被选择的颜色特征的权值进行更新，考虑到每个视频的帧速不同，本章采用经过 S 帧的时间长度将 r_k 调整到 $\bar{V}_k$，r'_k 表示颜色特征 k 的权值在 S 帧的时间长度里每次调整的幅度。颜色特征 k 的权值 r_k 根据返回的可靠性进行调整，保证 r_k 向 $\bar{V}_k$ 调整，当 $\bar{V}_k > r_k$ 时，r_k 增大；当 $\bar{V}_k < r_k$ 时，r_k 减少。当需要调整颜色特征的权值时，把前一帧中 14 个颜色特征的可靠性作为竞争评判的依据，某个特征可信性高，则在视觉跟踪系统中占整个颜色特征的主导地位，提供更多的颜色信息给跟踪系统；可信度低时，信息会被降低利用率或者忽略不计，如图 10-2 所示。

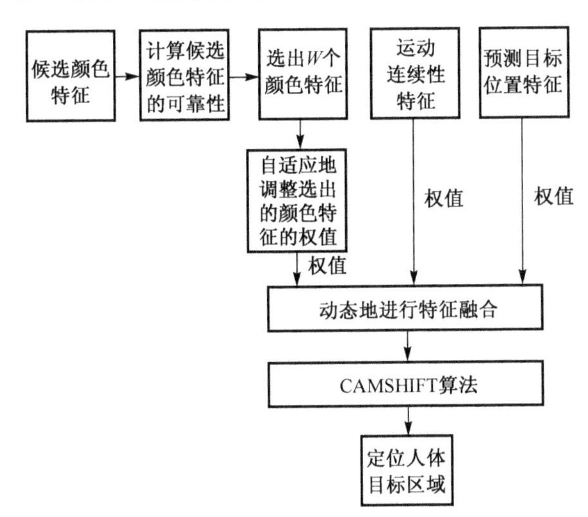

图 10-2　MFA 算法的视觉跟踪模型

本章采用颜色特征、预测目标位置特征、运动连续性特征等多线索融合来实现视觉跟踪。每隔 S' 帧的时间长度，根据候选颜色特征的可靠性选择最可靠的 W 个颜色特征，在 $S(S'>S)$ 帧的时间长度里，调整其权值，使得它适合其可靠性，即根据视频场景的变化动态选择颜色特征，而且不断更新它们的权值。即使某个线索失效，跟踪算法仍可以实现较好的跟踪效果，提高了算法的鲁棒性。

MFA 算法的实现步骤如下。

(1)在当前图像中设置感兴趣区域 I。

(2)设置搜寻窗口的初始位置,被选择的位置和感兴趣区域就是被跟踪的目标 G。

(3)选择最可靠的 W 个颜色特征,并调整它们的权值。

(4)计算出 W 个颜色特征的概率分布图 M_1。

(5)计算预测目标位置特征的概率分布图 M_2。

(6)计算运动连续性特征的概率分布图 M_3。

(7)将如上所得的三种概率分布图(M_1、M_2、M_3)分别加权相应的 r_k,得到最终的概率分布图 M。

(8)在概率分布图 M 中,计算窗口区域的零阶矩和一阶矩,分别如式(10-11)~式(10-13)所示,迭代算法直到通过式(10-14)和式(10-15)得到的(x, y)位置坐标没有明显位移或迭代到最大次数,设这个最大次数取 T 次。

(9)根据求得的跟踪目标中心坐标,重新计算感兴趣区域 I,并作为后续帧初始位置和跟踪区域,返回步骤(3)。

10.4 小　　结

视觉跟踪系统取得成功的关键是向用户提供快捷、稳定、准确、低成本的跟踪结果。为此,本章提出了一种基于动态自适应多线索融合的人体运动视觉跟踪算法。该算法结合颜色特征、预测目标位置特征和运动连续性特征等线索。其中,颜色特征综合考虑了视频序列中的色调、饱和度、红色信道、绿色信道和蓝色信道等信息。在视觉跟踪时,选择最适合把目标从背景中区别出来的信息作为颜色特征,颜色特征和它们的权值可以根据视频序列的实际情况进行动态更新,能够处理目标被遮挡问题,不需要假设背景模型,不需要事先对无运动目标的视频序列进行训练。下一步考虑把视觉注意理论和辅助物引入视觉跟踪系统,进一步提高视觉跟踪的鲁棒性。

参考文献

[1] 王永忠,梁彦,赵春晖,等. 基于多特征自适应融合的核跟踪方法. 自动化学报, 2008, 34(4):393-399.

[2] 王建宇,陈熙霖,高文,等. 背景变化鲁棒的自适应视觉跟踪目标模型. 软件学报, 2006, 17(5): 1001-1008.

[3] 李培华,张田文. 一种新的B样条主动轮廓线模型. 计算机学报, 2002, 25(12):1348-1356.

[4] 侯志强，韩崇昭. 视觉跟踪技术综述. 自动化学报，2006，32(4):603-617.

[5] Li P P. An adaptive binning color model mean shift tracking. IEEE Transactions on Circuits and Systems for Video Technology，2003:1-16.

[6] Nouar O D，Ali G，Raphael C. Improved object tracking with CAMSHIFT algorithm. IEEE International Conference on Acoustics，Speech and Signal Processing，2006，2:657-660.

[7] Pérez P，Vermaak J，Blake A. Data fusion for visual tracking with particles. Proceedings of the IEEE，2004，92(3)：495-513.

[8] Wei K P，Zhang T，Shen X J，et al. An improved threshold selection algorithm based on particle swarm optimization for image segmentation. Third International Conference on Natural Computation，2007，5:591-594.

[9] Wei K P，Zhang T，He B. Detection of sand and dust storms from MERIS image using FE-otsu alogrithm. The 2nd International Conference on Bioinformatics and Biomedical Engineering，2008:3852-3855.

[10] Chen M Y，Wang C K. Dynamic visual tracking based on multi-cue matching. International Conference on Mechatronics，2007:1-6.

[11] Triesch J，Malsburg C V. Self-organized integration of adaptive visual cues for face tracking. Fourth IEEE International Conference on Automatic Face and Gesture Recognition，2000:102-107.

[12] Habili N，Cheng C L，Moini A. Segmentation of the face and hands in sign language video sequences using color and motion cues. IEEE Transactions on Circuits and Systems for Video Technology，2004，14(8)：1086-1097.

第11章　基于视觉注意和多线索融合的人体运动视觉跟踪算法

在第2章的基础上，本章提出了一种基于视觉注意和多线索融合的人体运动视觉跟踪算法，利用视觉注意机制选择易于跟踪的辅助物，以颜色特征、预测目标位置特征和运动连续性特征来确定目标和辅助物的位置。用来跟踪目标的候选颜色特征包括图像的色调和饱和度特征、R信道特征、G信道特征和B信道特征以及R、G、B的线性组合，根据场景的变化动态地选择可靠性高的候选颜色特征作为视觉跟踪的颜色特征，自适应地调整颜色特征的权值。用来跟踪辅助物的候选颜色特征是图像的色调和饱和度特征。本算法采用CAMSHIFT技术实现。

11.1　视觉注意机制

目前研究视觉注意的很多文献只是关注模拟自然环境的视觉注意机制，用更好的模型表示它，但很多模型的计算量较大，因此需要研究减少计算视觉注意模型的计算量，将视觉注意机制和其他视觉跟踪算法结合起来，改善视觉跟踪的效果。本章利用视觉注意机制提取出显著区域，从中选择与跟踪目标有运动联系的物体作为辅助物。为了提高跟踪算法的健壮性，本章采用多个特征作为线索来跟踪目标，通过对辅助物的跟踪，提高跟踪算法的健壮性，因此提出了基于视觉注意和多线索融合的人体运动视觉跟踪算法VTA，选择预测位置特征和运动连续性特征来确定目标的粗略位置，然后以颜色特征来确定目标的准确位置。在14种候选颜色特征中动态地选择可靠性高的特征作为视觉跟踪系统的颜色特征，而且根据它们的可靠性来自适应地调整其权值，定义了新的颜色特征可靠性评价函数，定义了新的预测位置特征和运动连续性特征，不需要假设背景模型，不需要事先对无运动目标的视频序列进行训练。

视觉上显著的(visually salient)是指当图像中的一个区域相对于周围领域是突出的时，这个区域就是视觉上显著的。显著图(saliency map)是一幅表明图像各区域显著性的2D图像，它将多个低级别的图像特征(如颜色、亮度、运动等)组合在这个单一的显著图中[1]。

本章利用自底向上的视觉注意机制提取感官上与周围明显不同的区域作为

候选辅助物,根据自顶向下的视觉注意机制中的预先知识在候选辅助物中提取适合的辅助物,即和跟踪目标共同出现,和目标物体的运动具有较高的相关性,易于跟踪。这样可以同时跟踪目标和辅助物,增加跟踪算法的健壮性,当目标本身较难跟踪时,可以通过跟踪辅助物以及目标和辅助物之间的关系来实现对目标的跟踪,如图 11-1 所示。

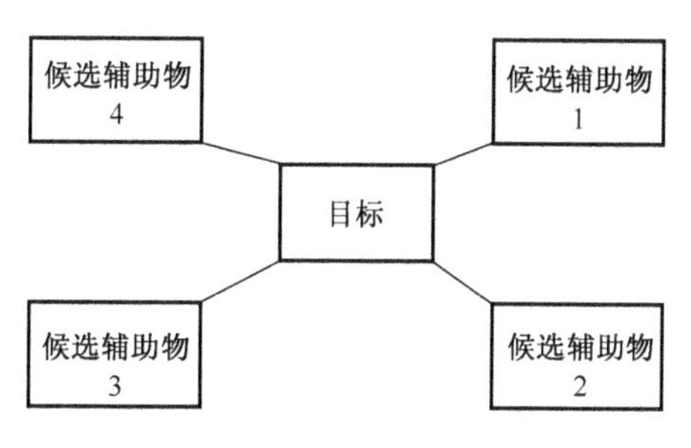

图 11-1　目标和候选辅助物之间的关系

11.1.1　自底向上的视觉注意机制

彩色图像通过不断地和高斯滤波器进行卷积、二次抽样等过程形成尺度为 $\sigma=[0, \cdots, 8]$ 的高斯金字塔,尺度为 σ 的图像分辨率是原始图像的 $1/2^{\sigma}$。例如,尺度为 4 的图像分辨率是原始输入图像的 1/16。原始输入图像的每个尺度的高斯金字塔被分解成一系列的特征图,针对每个尺度,产生三个颜色通道,一个亮度通道,四个方向通道金字塔[2],如图 11-2 所示。视觉注意模型如图 11-3 所示。

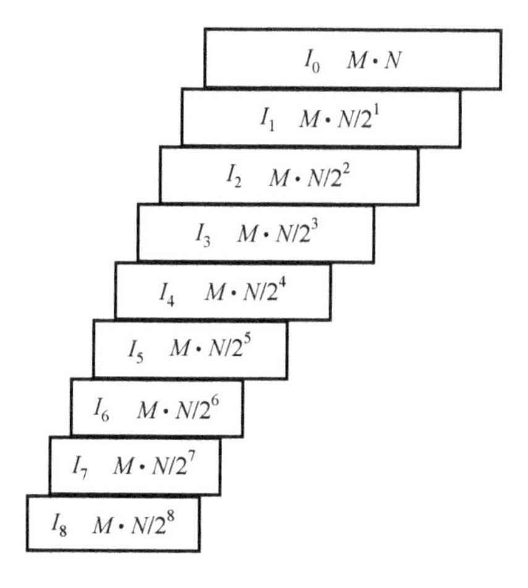

图 11-2　图像的高斯金字塔[14]

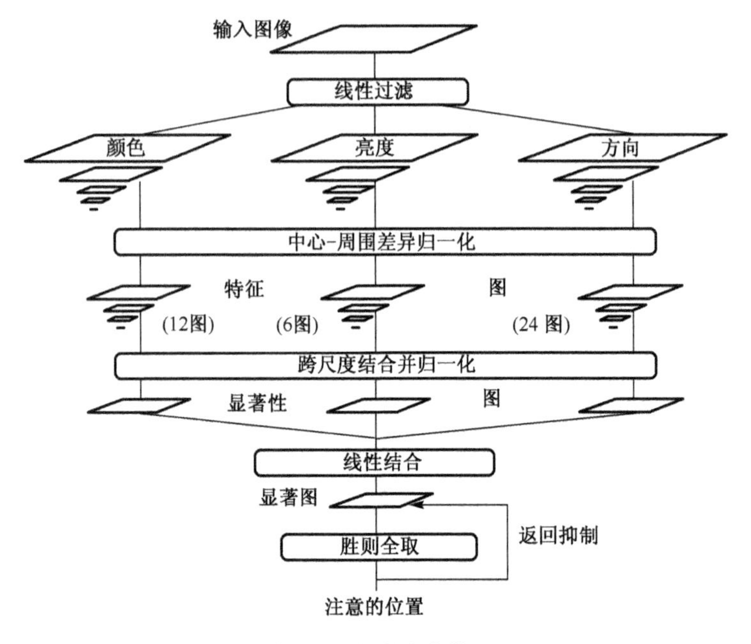

图 11-3　视觉注意模型

11.1.2　自顶向下的视觉注意机制

自顶向下的视觉注意偏向某个特别对象是非常复杂的，因为需要高级别处理来识别对象，所以本章只是从基本特征的级别来进行自顶向下的偏向，基本特征包括颜色、亮度和方向。四种自顶向下的视觉注意控制状态集分别是：积极启动，具有与自底向上视觉注意一致特征的区域获得竞争优势，而其他竞争区域受到压制，用"01"表示；负启动，与积极启动正好相反，用"10"表示；自由状态，完全由自底向上的视觉注意机制决定注意区域，用"00"表示；不可用，自底向上和自顶向下的视觉注意机制都不可用，用"11"表示。自顶向下视觉注意的基本特征的参数设置如图 11-4 所示。自顶向下和自底向上相结合的视觉注意机制如图 11-5 所示。

颜色标志	输入颜色特征	标志亮度	输入亮度特征	方向标志	输入方向特征

图 11-4　自顶向下视觉注意的基本特征的参数设置

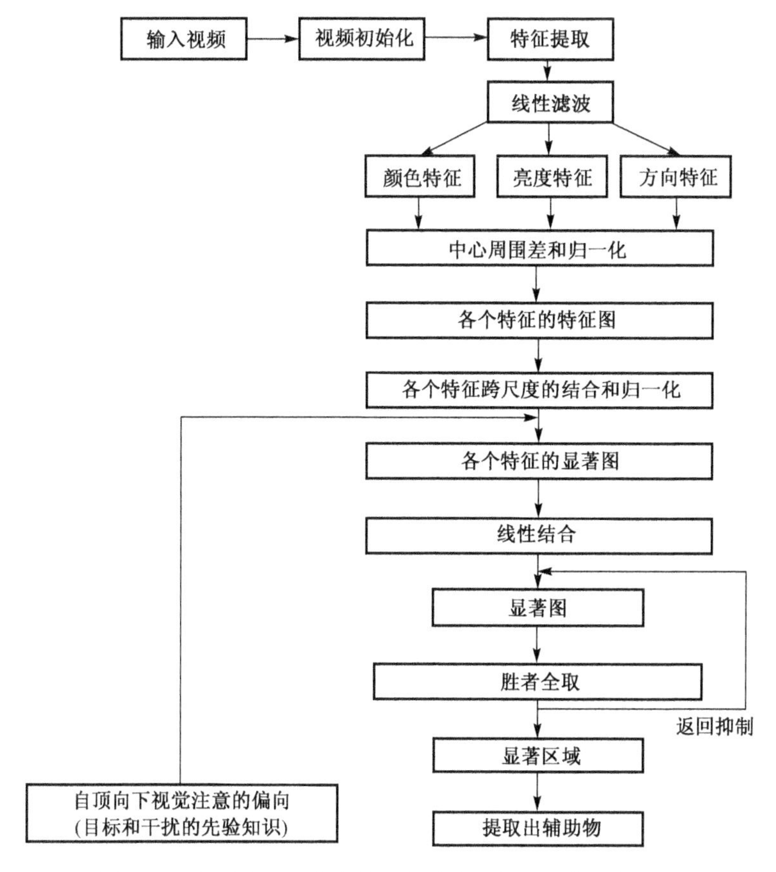

图11-5 自顶向下和自底向上相结合的视觉注意机制框图

11.2 人体运动视觉跟踪算法

11.2.1 辅助物的视觉跟踪

针对辅助物的基于颜色特征的CAMSHIFT算法实现步骤如下。

(1)在初始图像中设置需要跟踪的目标,确定跟踪窗口。

(2)利用直方图逆投影计算出跟踪窗口中像素的色调和饱和度概率分布,如式(10-9)所示。

(3)将色调和饱和度概率分布中的值域利用式(10-10)进行重新取值,使得值域由$[0, \max(q_{u(v)})]$或$[0, \max(q_u)]$投影到$[0, 255]$。

(4)按照一定规则将色调和饱和度特征作为视觉跟踪算法的颜色特征,形成最终的颜色概率分布图 $p(x,y)$。

(5)在颜色概率分布图中,计算窗口区域的零阶矩和一阶矩,分别如式(10-11)～式(10-13)所示,迭代算法直到通过式(10-14)和式(10-15)得到的(x, y)位置坐标没有明显位移或迭代到最大次数,一般这个最大次数取 T 次。

(6)根据求得的跟踪目标中心坐标,重新计算感兴趣区域,并作为后续帧初始位置和跟踪区域,返回步骤(5)。

11.2.2 多线索融合

VTA 算法对辅助物 1 区域跟踪的实现步骤如下。

(1)在当前图像中设置感兴趣区域 I_2。

(2)设置搜寻窗口的初始位置,被选择的位置和感兴趣区域就是被跟踪的辅助物 G_2。

(3)计算出颜色特征,即色调和饱和度特征的概率分布图 M_4。

(4)计算预测目标位置特征的概率分布图 M_5。

(5)计算运动连续性特征的概率分布图 M_6。

(6)将如上所得的三种概率分布图(M_4、M_5、M_6)分别加权相应的权值 a_1、a_2、a_3,它们的权值和为 1,得到最终的概率分布图 M'。

(7)在概率分布图 M'中,计算窗口区域的零阶矩和一阶矩,分别如式(10-11),式(10-12),式(10-13)所示,迭代算法直到通过式(10-14)和式(10-15)得到的(x, y)位置坐标没有明显位移或迭代到最大次数,设这个最大次数取 T 次。

(8)根据求得的跟踪辅助物 1 的中心坐标,重新计算感兴趣区域 I_2,并作为后续帧初始位置和跟踪区域,返回步骤(3),如图 11-6 所示。当选择多个辅助物时,与此类似。

VTA 算法中目标区域的定位和辅助物区域的定位相互竞争合作来确定人体最终目标区域。设目标区域的中心坐标是(x_1, y_1),辅助物 $n(n\geqslant 1)$的中心坐标是(x_{n+1}, y_{n+1})。当定位的辅助物区域和目标区域较近时,即 $|x_1 - x_2| < \alpha$, $|y_1 - y_2| < \beta$, …, $|x_1 - x_{n+1}| < \alpha$, $|y_1 - y_{n+1}| < \beta$, 目标区域的跟踪结果(中心坐标和区域大小)就是人体最终目标区域;当定位的辅助物区域和目标区域较远时,即 $|x_1 - x_2| \geqslant \alpha$, $|y_1 - y_2| \geqslant \beta$, …, $|x_1 - x_{n+1}| \geqslant \alpha$, $|y_1 - y_{n+1}| \geqslant \beta$, 目标区域的中心坐标和辅助物区域的中心坐标的均值就是人体最终目标区域的中心坐标,人体最终目标区域的大小和目标区域的大小相同。如图 11-7 所示。

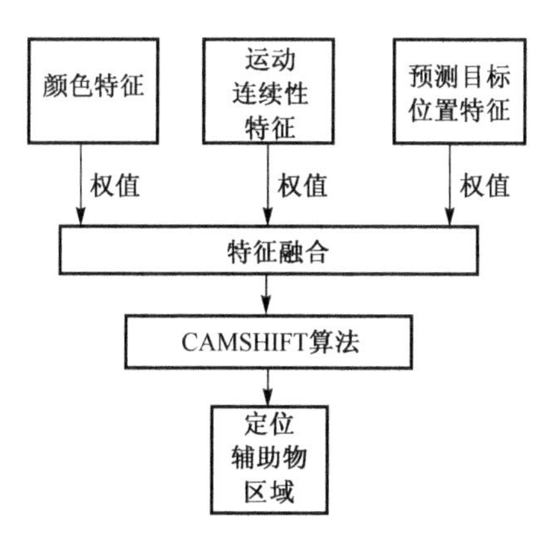

图 11-6　VTA 算法对辅助物区域的跟踪

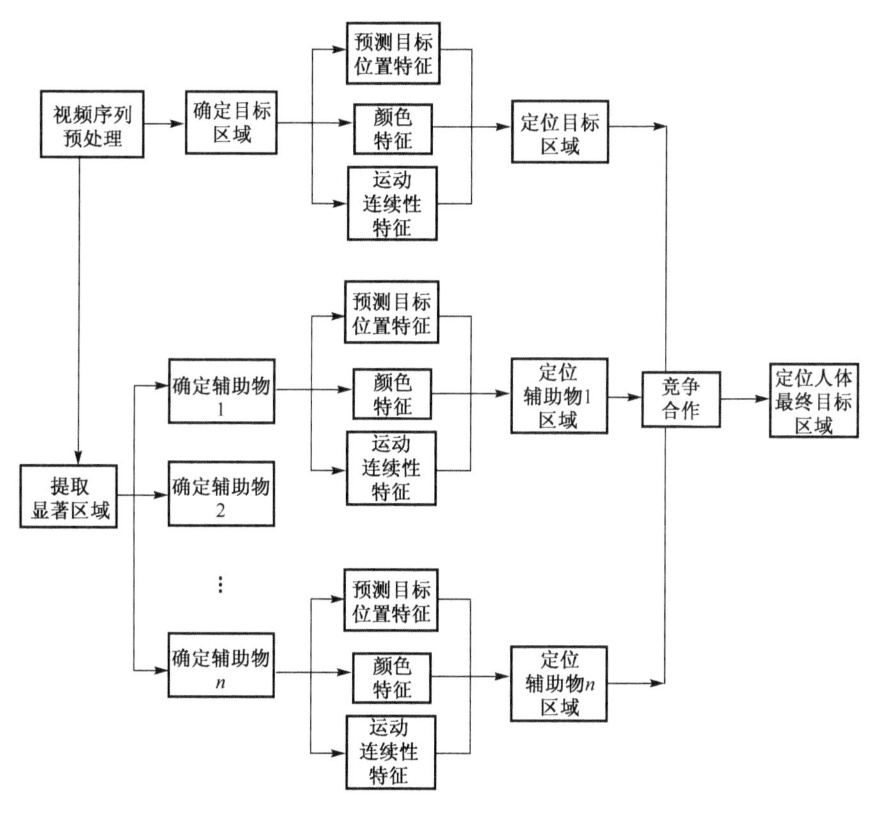

图 11-7　VTA 算法的视觉跟踪模型

11.3 小　　结

本章提出了一种基于视觉注意和多线索融合的人体运动视觉跟踪算法，根据视觉注意机制选择适合的辅助物，通过对目标和辅助物共同跟踪，增加了算法的鲁棒性。在跟踪目标时，该算法结合颜色特征、预测目标位置特征和运动连续性特征等线索。其中，颜色特征综合考虑了视频序列中的色调、饱和度、红色信道、绿色信道和蓝色信道等信息，选择最适合把目标从背景中区别出来的信息作为颜色特征，颜色特征和它们的权值可以根据视频序列的实际情况进行动态更新，能够处理目标被遮挡问题，不需要假设背景模型，不需要事先对无运动目标的视频序列进行训练。

参 考 文 献

[1] Treisman A M, Gelade G A. Feature-integration theory of attention. Cognitive Psychology, 1980, 12(1): 97-136.
[2] Walther D, Koch C. Modeling attention to salient proto-objects. Neural Networks, 2006, 19 (9): 1395-1407.

第 12 章　视觉跟踪实验与分析

12.1　实验序列的采集和说明

为了验证本书算法的效果，对室内环境下的视频序列 1～10 分别用 VTA 算法、基于颜色特征的 CAMSHIFT 算法和 CMET 算法进行了实验，视频序列 1、2、3、5、7、8、9 的分辨率为 640×440 像素，视频序列 4、6 的分辨率为 640×480 像素，视频序列 10 的分辨率为 320×256 像素，如表 12-1 所示。

表 12-1　实验中的视频序列

视频序列	人数	视频序列特征	帧数
S_1	4	目标被遮挡、越界、目标与背景颜色相似	762 帧
S_2	2	越界、目标与背景颜色相似	687 帧
S_3	4	目标被遮挡、越界、目标与其他前景颜色相似	512 帧
S_4	3	目标被遮挡、目标与其他前景颜色相似、低饱和度	280 帧
S_5	4	目标越界、无遮挡	352 帧
S_6	3	目标越界、被遮挡、目标与其他前景颜色相似，低饱和度	263 帧
S_7	4	目标越界、被遮挡、目标与背景颜色相似	561 帧
S_8	2	目标越界、被遮挡、目标与背景颜色相似	400 帧
S_9	3	目标越界、被遮挡、目标与背景和其他前景颜色相似	594 帧
S_{10}	2	目标被遮挡、目标与背景颜色相似	272 帧

根据视觉注意机制提取辅助物，如图 12-1 所示。目标是穿红色上衣的男生，这里选择与目标一起运动的蓝色小包作为辅助物。绿色框的中间部分是定位目标的区域，蓝色框的中间部分是定位辅助物的区域，红色框是定位最终目标的区域。在第 35 帧，VTA 算法实现了对辅助物的准确跟踪，但对红色上衣的目标的跟踪出现了误差，但根据二者的竞争合作，实现了最终目标区域的准确定位；在第 100 帧，VTA 算法实现了对红色上衣的目标的准确跟踪，但对辅助物的跟踪出现了误差，但根据二者的竞争合作，实现了最终目标区域的准确定位；在第 360 帧，VTA 算法实现了对红色上衣的目标和辅助物的准确跟踪，同样实现了最终目标区域的准确定位，如图 12-2 所示。

视频序列 S_1。目标是穿红色上衣的男生，他被部分遮挡 4 次(第 66～156 帧、第 248～342 帧、第 496～610 帧和第 644～680 帧，共 334 帧)，目标越界 1 次(第

图 12-1　辅助物的提取

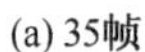
(a) 35帧

(b) 100帧

(c) 360帧

图 12-2　VTA 算法的实现例子

352～459 帧,共 107 帧),目标颜色与背景的颜色相似,选择的辅助物是目标穿的蓝色裤子。

视频序列 S_2。目标是穿红色上衣的女生,目标脱去红色上衣 1 次(第 274～568 帧,共 294 帧),目标越界 1 次(第 408～484 帧,共 76 帧),目标颜色与背景的颜色相似,选择的辅助物是目标穿的灰色裤子。

视频序列 S_3。目标是穿黄色上衣,手拿红色袋子的女生,目标越界 2 次(第 91～216 帧和第 320～450 帧,共 255 帧),目标被遮挡 1 次(第 250～260 帧,共 10 帧),视频中有与目标颜色相似的其他人体运动,选择的辅助物是目标携带的红色袋子。

视频序列 S_4。目标是穿桔红色上衣的男生,目标被遮挡 2 次(第 206～216 帧和第 225～235 帧,共 20 帧),视频中有与目标颜色相似的其他人体运动,低饱和度,选择的辅助物是目标穿的黑色裤子。

视频序列 S_5。目标是手拿红色衣服的穿绿色上衣的男生,目标越界 1 次(第 114～197 帧),目标没有被遮挡。

视频序列 S_6。目标是穿红色上衣的男生,目标被遮挡 3 次(第 10～14 帧、第 133～143 帧和第 199～207 帧),目标越界 1 次(第 54～94 帧),视频中有与目标颜色相似的其他人体运动,低饱和度,选择的辅助物是目标手拿的蓝色袋子。

视频序列 S_7。目标是穿蓝色上衣的女生，目标被遮挡3次（第5～104帧、第167～188帧和第335～374帧），目标越界1次（第378～458帧），目标颜色与背景颜色相似，选择的辅助物是穿黄色上衣的女生。

视频序列 S_8。目标是穿红色上衣的男生，目标被遮挡2次（第109～137帧和第375～390帧），目标越界1次（第177～267帧），目标颜色与背景相似，选择的辅助物是目标携带的蓝色袋子。

视频序列 S_9。目标是穿红色上衣的男生，目标被遮挡1次（第57～83帧），目标越界2次（第180～254帧和第353～394帧），目标颜色与背景和其他运动的人体颜色相似，选择的辅助物是目标的蓝色裤子。

视频序列 S_{10}。目标是穿花格上衣的女生，目标被遮挡2次（第9～32帧和第239～248帧），目标颜色与背景颜色相似。

12.2 参数设置

T 一般取10～20，本书取 $T=15$ 次。$n=1$，$\delta=0.00001$，$\alpha=60$，$\beta=0$，$m=255$，$S'=10$，$S=5$。采用矩形跟踪窗口，定位目标区域时，$W=2$，全部颜色特征的总的权值 $r=3/7$，预测目标位置特征的权值 $r_3=3/7$，运动连续性特征的权值 $r_4=1/7$；本书只选择1个辅助物，定位辅助物1区域时，$a_1=3/7$，$a_2=3/7$，$a_3=1/7$。跟踪算法程序的运行环境如表12-2所示。

表12-2　跟踪算法程序的运行环境

CPU	内存	硬盘	操作系统	实验工具
P4 2.8GHz	512MB	80GB	Windows XP	MATLAB 7.1

12.3 实验结果和分析

在视频序列 S_1 中，当跟踪的目标区域中心点与跟踪的辅助物区域中心点坐标差大于60时，最终目标区域的中心点坐标是二者的平均，即图12-3中红色框表示；当跟踪的目标区域中心点与跟踪的辅助物区域中心点坐标差小于60时，目标区域就是最终的目标区域，即图12-3中黄色框表示，针对视频序列 S_2、S_3 和 S_4 的VTA算法类似。

图12-4是VTA算法针对视频序列 S_1 对目标进行跟踪、选择的颜色特征。其中，H+S表示色调和饱和度特征，R表示红色信道特征，G表示绿色信道特征；B表示蓝色信道特征。

(a) 480帧

(b) 600帧

图 12-3 针对视频序列 S_1 的 VTA 算法的实验结果

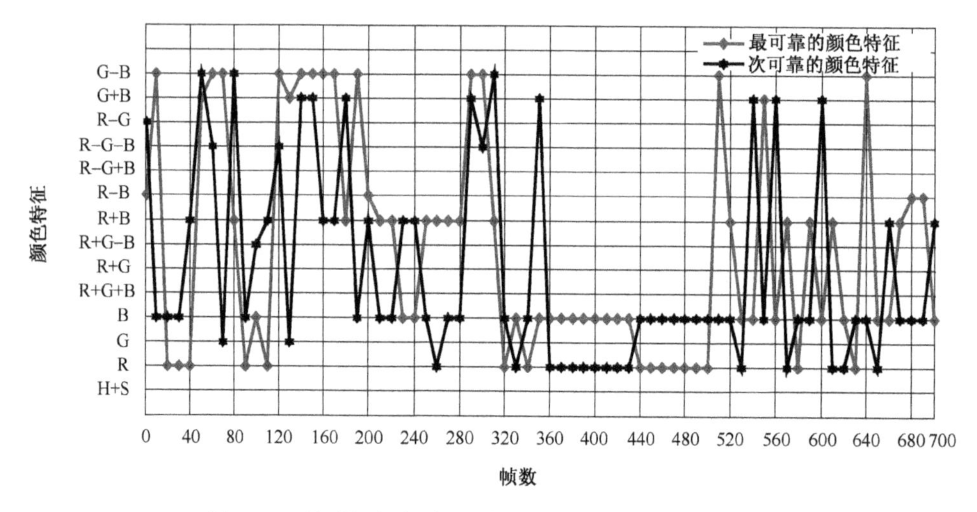

图 12-4 针对视频序列 S_1 的 VTA 算法选择的颜色特征

图 12-5 和图 12-6 是针对视频序列的 S_1，CAMSHIFT 算法和 CMET 算法的跟踪结果。CAMSHIFT 算法只考虑颜色特征，跟踪效果最差，CMET 算法考虑了多线索融合，但由于 CMET 算法采用背景减除的方法获取运动目标的位置信息，单高斯模型模拟背景，估计不够准确，跟踪效果次之。

图 12-7 是针对视频序列 S_2 的 VTA 算法、CAMSHIFT 算法和 CMET 算法的实验结果。因为跟踪过程中目标脱去红色上衣，使得三种算法的跟踪成功率显著下降。当目标脱去红色上衣时，VTA 算法通过辅助物的跟踪，仍可实现一定的对目标的跟踪，所以 VTA 算法的跟踪成功率最高；CAMSHIFT 算法只考虑颜色特征，目标被背景中的红色布干扰，跟踪效果最差；一旦目标脱去红色上衣，CMET 算法跟踪很快失败，所以跟踪效果次之。图 12-8 是针对视频序列 S_2 的 VTA 算法选择的颜色特征。

图 12-9 是针对视频序列 S_3 的 VTA 算法、CAMSHIFT 算法和 CMET 算法

(a) 480帧　　(b) 600帧

图 12-5　针对视频序列 S_1 的 CAMSHIFT 算法的实验结果

(a) 480帧　　(b) 600帧

图 12-6　针对视频序列 S_1 的 CMET 算法的实验结果

(a) VTA算法　　(b) CAMSHIFT算法　　(c) CMET算法

图 12-7　针对视频序列 S_2 的三种算法的实验结果(第 300 帧)

的实验结果。目标与颜色相似的另一个人体相向运动,VTA 算法综合考虑了目标运动和辅助物的运动以及针对目标的多种颜色选择机制,取得了较好跟踪效果;因为越界时间过长,当目标再次出现时,CAMSHIFT 算法已不能实现跟踪目标;CMET 算法的跟踪效果比 CAMSHIFT 算法要好,但比 VTA 算法要差,主要是因为 VTA 算法衡量颜色特征的可靠性更及时、更准确,而且融合了多线索。图 12-10 是针对视频序列 S_3 的 VTA 算法选择的颜色特征。

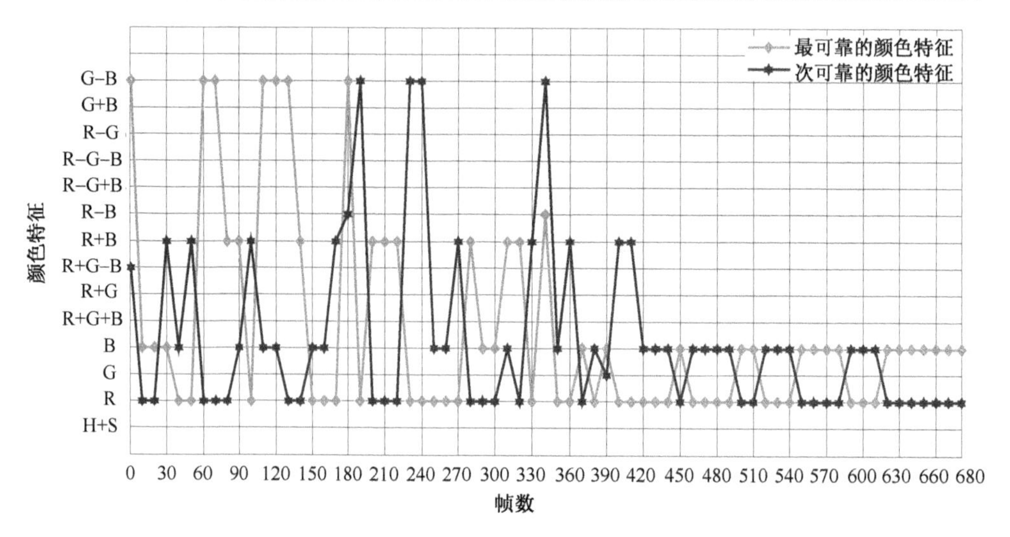

图 12-8 针对视频序列 S_2 的 VTA 算法选择的颜色特征

图 12-9 针对视频序列 S_3 的三种算法的实验结果(第 250 帧)

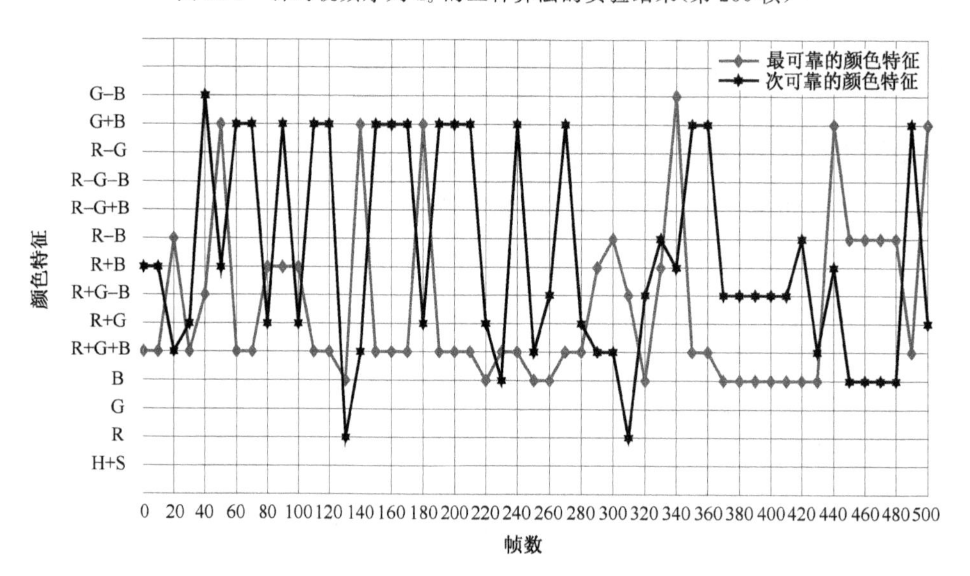

图 12-10 针对视频序列 S_3 的 VTA 算法选择的颜色特征

图 12-11、图 12-13 和图 12-14 是针对视频序列 S_3 的 VTA 算法、CAMSHIFT 算法和 CMET 算法的实验结果。在低饱和度和目标颜色与另一个人体颜色相近时，VTA 算法的跟踪效果最好，CMET 算法次之，CAMSHIFT 算法最差。图 12-12 是针对视频序列 S_4 的 VTA 算法选择的颜色特征。

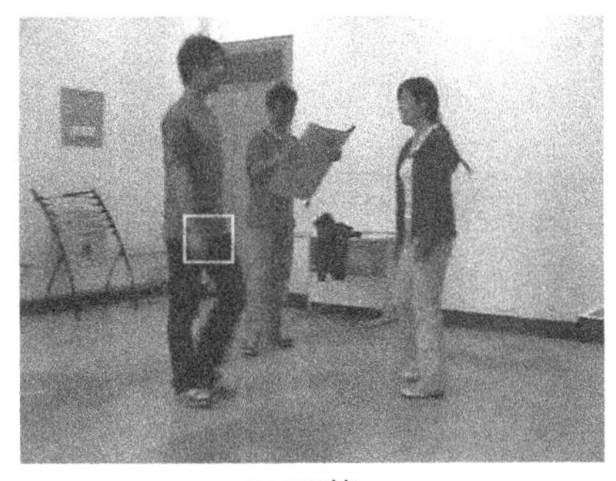

(a) 135帧

(b) 220帧

图 12-11　针对视频序列 S_4 的 VTA 算法的实验结果

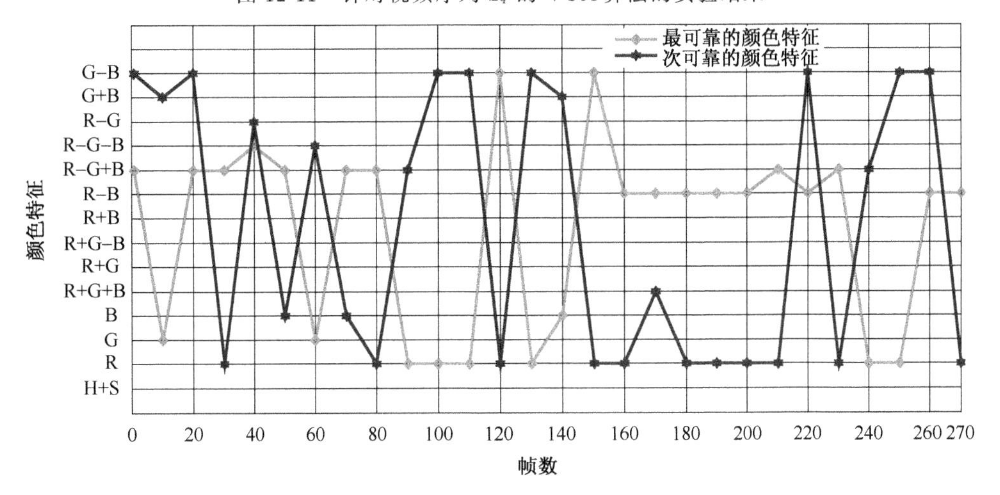

图 12-12　针对视频序列 S_4 的 VTA 算法选择的颜色特征

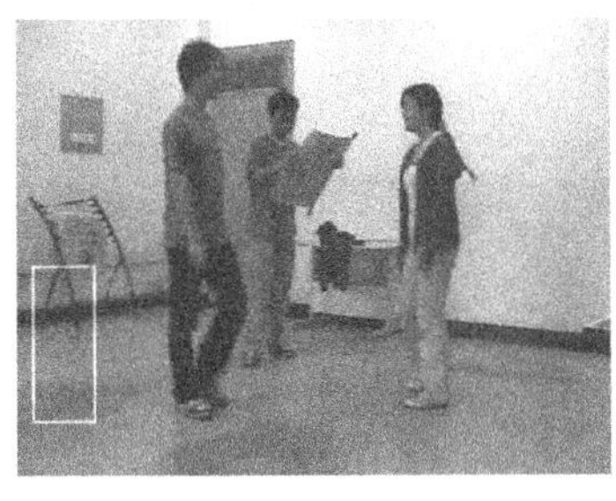

(a) 135帧

(b) 220帧

图 12-13　针对视频序列 S_4 的 CAMSHIFT 算法的实验结果

(a) 135帧

(b) 220帧

图 12-14　针对视频序列 S_4 的 CMET 算法的实验结果

图 12-15 和图 12-16 分别是针对视频序列 S_6 和 S_{10} 的 VTA 算法、CAMSHIFT 算法和 CMET 算法的实验结果。VTA 算法都取得了最好的跟踪效果，CMET 算法次之，CAMSHIFT 算法最差。其中，视频序列 S_{10}，背景与前景颜色非常接近，VTA 算法的成功跟踪率远高于其他两个算法，说明 VTA 算法综合考虑多线索融合和视觉注意机制，非常适合前景和背景颜色相似的情况。三种算法的跟踪成功率如表 12-3 所示。

(a) VTA算法

(b) CAMSHIFT算法

(c) CMET算法

图 12-15　针对视频序列 S_6 的三种算法的实验结果(第 104 帧)

(a) VTA算法

(b) CAMSHIFT算法

(c) CMET算法

图 12-16　针对视频序列 S_{10} 的三种算法的实验结果(第 120 帧)

表 12-3　三种算法跟踪成功率的比较

视频序列	算法	被成功跟踪的帧数(总帧数)	成功率
S_1	VTA 算法	684(762)	89.8%
S_1	CAMSHIFT 算法	414(762)	54.3%
S_1	CMET 算法	639(762)	83.9%
S_2	VTA 算法	477(687)	69.4%
S_2	CAMSHIFT 算法	269(687)	39.2%
S_2	CMET 算法	353(687)	51.4%
S_3	VTA 算法	462(512)	90.2%
S_3	CAMSHIFT 算法	233(512)	45.5%
S_3	CMET 算法	448(512)	87.5%
S_4	VTA 算法	101(280)	36.1%
S_4	CAMSHIFT 算法	49(280)	17.5%
S_4	CMET 算法	91(280)	32.5%
S_5	VTA 算法	239(352)	67.9%
S_5	CAMSHIFT 算法	161(352)	45.7%
S_5	CMET 算法	166(352)	47.2%
S_6	VTA 算法	74(263)	28.1%
S_6	CAMSHIFT 算法	51(263)	19.4%
S_6	CMET 算法	58(263)	22.1%
S_7	VTA 算法	241(559)	43.1%
S_7	CAMSHIFT 算法	134(559)	24.0%
S_7	CMET 算法	225(559)	40.3%
S_8	VTA 算法	217(400)	54.3%
S_8	CAMSHIFT 算法	196(400)	49%
S_8	CMET 算法	207(400)	51.8%
S_9	VTA 算法	425(594)	71.5%
S_9	CAMSHIFT 算法	286(594)	48.1%
S_9	CMET 算法	416(594)	70.0%
S_{10}	VTA 算法	161(272)	59.2%
S_{10}	CAMSHIFT 算法	9(272)	3.3%
S_{10}	CMET 算法	21(272)	7.7%

12.4　小　　结

实验结果表明，这种基于视觉注意和多线索融合的跟踪算法比静态非自适应的跟踪算法更加鲁棒，取得了比 CMET 算法更好的跟踪效果，尤其适合复杂环境(目标与背景颜色相似、越界和遮挡等情况)。下一步考虑把其他跟踪线索引入视觉跟踪系统，进一步提高视觉跟踪的鲁棒性。

第13章　结论与展望

13.1　多媒体传输关键技术

随着网络宽带化的发展，作为多媒体和网络领域的交叉学科，流媒体技术的应用和研究得到了迅速发展，本书就流媒体系统关键算法进行了一些探索工作，并在以下几个方面取得一些进展。

(1)对流媒体动态调度算法进行了研究，提出了一种基于代理缓存的流媒体动态调度算法。在基于CDN的流媒体系统中，根据当前客户请求到达的分布状况，代理服务器为后续到达的客户请求进行补丁预取及缓存。对于客户请求到达速率的变化，该算法具有更好的适应性，在最大缓存空间相同的情况下，能显著减少通过补丁通道传输的补丁数据，从而降低了服务器和骨干网络带宽的使用，能快速缓存媒体对象到缓存窗口，同时减少了代理服务器的缓存平均占有量。

(2)对流媒体代理服务器缓存算法进行了研究，提出了一种基于段流行度的流媒体代理服务器缓存算法。在基于CDN的流媒体系统中，定义了非交互式媒体对象段流行度，根据流媒体文件段的流行度，实现了代理服务器缓存的分配和替换，使流媒体对象在代理服务器中缓存的数据量和其流行度成正比，并且根据客户平均访问时间动态决定该对象缓存窗口大小。对于代理服务器缓存大小的变化，该算法具有较好的适应性，在缓存空间相同的情况下，能够得到更大的被缓存流媒体对象的平均数和更小的被延迟的初始请求率，降低了启动延时。

(3)对流媒体主动预取算法进行了研究，针对流媒体质量要求较高的用户，提出了基于自然数分段的流媒体主动预取算法和基于主动预取的流媒体代理服务器缓存算法。代理服务器在向用户传送已被缓存的部分媒体对象的同时，提前预取没有被缓存的数据，实现了代理服务器缓存的分配和替换算法，提高了流媒体传送质量，减少了播放抖动。通过对代理服务器预取点的位置和代理服务器为此所需要的最小缓存空间的分析，证明在缓存空间相同的情况下，自然数分段方法和主动预取算法具有较好的性能。

(4)对交互式流媒体进行了研究，针对交互式流媒体的特点，提出了基于交互式段流行度的流媒体代理服务器缓存算法。定义了交互式媒体对象段流行度，根据流媒体对象段流行度，实现了代理服务器缓存的分配和替换，使流媒体对象的段在代理服务器中缓存的数据量和其流行度成正比，对于代理服务器缓存大小的变化，该算法在不同的用户请求模式和交互强度下，可以提供较好的性能，尤其适合于交互强度较高的用户请求。

(5)对基于对等网络的流媒体进行了研究，提出了基于对等网络的流媒体数据分配算法 DA^2SM_{P2P} 和接纳控制算法 A^2CSM_{P2P}。其中，DA^2SM_{P2P} 算法可根据网络环境的变化动态调整数据分配；A^2CSM_{P2P} 算法针对不同节点有不同的入口带宽和出口带宽的情况，优先选择贡献率大的请求节点，为之提供服务。两个算法都取得了较好的性能。

由于篇幅所限，本书仅对基于 CDN 的流媒体缓存和调度机制、基于 P2P 的流媒体数据分配和接纳控制机制等进行了较深入的研究，但流媒体系统是一个非常复杂的系统，还有许多问题和算法需要研究。

本书认为，目前在该领域尚有如下课题值得深入研究。

(1)基于 P2P 的流媒体系统中节点的行为和兴趣。

(2)流媒体业务在用户端资源和带宽有限的移动网络中如何实现 QoS 保障。

(3)在移动网络中基于 P2P 的流媒体系统的实现。

(4)流媒体业务计费问题。

(5)对流媒体检索的研究：如何对大量复杂多样的多媒体进行标引、著录，以及如何对这些海量信息进行组织、建库以达到快速、有效的检索。

13.2 视觉跟踪关键技术

本书就人体运动视觉跟踪算法进行了一些探索工作，并在以下几个方面取得一些进展。

(1)结合人体运动图像的颜色特征、预测目标位置特征和运动连续性特征，提出了一种面向视觉跟踪的多线索融合算法。颜色特征受目标平移和旋转的影响较小，对于部分遮挡和位姿的改变都具有一定的鲁棒性；预测目标位置特征和运动连续性特征可以解决前景与背景颜色相似的情况，是采用 CAMSHIFT 技术实现的。

(2)提出了一种基于视觉注意和多线索融合的人体运动视觉跟踪算法，利用视觉注意机制选择易于跟踪的辅助物，以颜色特征、预测目标位置特征和运动连续性特征来确定目标和辅助物的位置。用来跟踪目标的候选颜色特征包括图像的色调和饱和度特征、R 信道特征、G 信道特征和 B 信道特征以及 R、G、B 的线性组合，根据场景的变化动态地选择可靠性高的候选颜色特征作为视觉跟踪的颜色特征,自适应地调整颜色特征的权值。用来跟踪辅助物的候选颜色特征是图像的色调和饱和度特征。本算法采用 CAMSHIFT 技术实现。这种基于视觉注意和多线索融合的跟踪算法比静态非自适应的跟踪算法更加鲁棒,取得了比 CMET 算法更好的跟踪效果,并可以处理目标被遮挡、目标越界和目标颜色与背景相似等情况。

(3)处理了复杂环境下人体运动视觉跟踪的若干难点问题,即相似颜色背景干扰、运动目标被遮挡、运动目标越界、视频颜色饱和度不足等复杂环境,而不是简单环境。

由于篇幅所限,本书仅对视觉注意转移机制、人体运动视觉跟踪等进行了较深入的研究。视觉跟踪是一个非常复杂的系统,尽管视觉跟踪技术在近几年已经取得了很大的研究进展,但是仍然有许多问题和难点需要解决。

本书认为,目前在该领域尚有如下课题值得深入研究。

(1)针对人的感知特性,如何建立一个感知特性的数学模型。因为视觉跟踪的过程与人的感知特性紧密联系,它又是很多问题的基础。例如,建立适当的视觉注意机制、发现辅助物的数量和可靠性的关系、如何快速发现辅助物、在短时间内发现更多的辅助物、在更长的时间内发现少而更可靠的辅助物等。这就需要以后对这个问题深入的研究,进行统计建模。

(2)针对多线索的融合,如何建立一个多线索融合的模型,尤其是多线索之间的同步和每个线索的异步更新。例如,在视觉跟踪中,通过颜色分布、运动轨迹预测、被跟踪对象轮廓和辅助物等多线索实现跟踪;在多人视觉跟踪中,可以引入音频跟踪技术,提高定位的准确性,解决一定程度的遮挡问题。

(3)针对视觉跟踪方法的性能,如何建立一个多种视觉跟踪方法相互配合的跟踪系统,提高整体性能。因为不同的方法在计算成本和结果的准确性方面有不同的性能特点,对计算成本过高的方法对其复杂性进行研究,构造快速算法。另外,鉴于纯数学的算法通常要较长的计算时间,因此应用人工智能技术,采用专家系统,降低对寻优精度的要求,从而提高速度,也是一种现实的途径。

(4)针对 2D 和 3D 跟踪算法的融合,如何决定使用 2D 跟踪算法和 3D 跟踪算法的时间。当跟踪算法从 2D 转到 3D 时,如何根据 2D 跟踪算法的跟踪结果来初始化 3D 跟踪算法的姿态参数。因为 2D 跟踪算法和 3D 跟踪算法各有优缺点。

(5)全方位视觉由于能搜集到 360°的场景信息,成本也越来越低,所以逐渐得到了人们的重视,但需要解决全方位视觉镜头造成的图像扭曲和图像细节丢失等问题。

缩 略 词

3G	3 Generation	第三代移动通信
A^2CSM_{P2P}	Admission Control Algorithm Based on Peer-to-Peer for Streaming Media	基于 P2P 的流媒体接纳控制算法
A^2LS	Adaptive and Lazy Segmentation Algorithm	适应与惰性分段算法
AG	Application Group	应用组
AVS	Audio Video Coding Standard	数字音视频编解码技术标准
BMTREE	Balance Multi-Tree	平衡多树
CDN	Content Distributed Network	内容分发网
CFLP	Capacitated Facility Location Problem	能力限制设备的定位问题
C/S	Client/Server	客户端/服务器
DA^2SM_{P2P}	Data Assignment Algorithm Based on Peer to Peer for Streaming Media	基于对等网络的流媒体数据分配算法
DS^2AMPC	Dynamic Scheduling Algorithm for Streaming Media Based on Proxy Caching	基于代理缓存的流媒体动态调度算法
DVD	Digital Video Disc/Digital Versatile Disc	数字多功能光盘
GPRS	General Packet Radio Service	通用包无线服务
H2O	Home-to-Home Online	在线式家庭到家庭
HP	Head Peer	组长节点
IETF	Internet Engineering Task Force	Internet 工程任务组
IEC	International Electrotechnical Commission	国际电工委员会
ISO	International Organization for Standardization	国际标准化组织
ITU	International Telecommunication Union	国际电信联盟
IVR	Interactive Voice Response	交互式语音应答
LFU	Least Frequency Used	过去使用频率高的数据优先保存
LRU	Least Recently Used	先移出最少使用的数据
$MBDA_{P2P}$	Minimum Buffering Delay Media Data Assignment Algorithm	最小缓冲区延迟的媒体数据分配算法
MMS	Multimedia Messaging Service	多媒体消息服务
MPEG	Moving Pictures Experts Group	动态图像专家组
NDA^2C_{P2P}	Non-Differentiated Admission Control Algorithm	非区分的接纳控制算法

NHP	Non-Head Peer	非组长节点
OBP	Optimized Batch Patching	优化批补丁
OTS_{P2P}	an Optimal Media Data Assignment Algorithm	优化媒体数据分配算法
P2P	Peer to Peer	对等计算
PCA^2ISM	Proxy Caching Admission Algorithm for Interactive Streaming Media	面向交互式流媒体的代理服务器分配算法
PCA^2MS	Proxy Caching Admission Algorithm for Streaming Media	代理服务器缓存接纳算法
PCRAISM	Proxy Caching Replacement Algorithm for Interactive Streaming Media	面向交互式流媒体的代理服务器缓存替换算法
PCRAMS	Proxy Caching Replacement Algorithm for Streaming Media	代理服务器缓存替换算法
PDA	Personel Digital Assistant	个人数字助理
P^2CA^2SM	Proxy Caching Algorithm Based on Active Prefetching for Streaming Media	基于主动预取的流媒体代理服务器缓存算法
P^2CAS^2IM	Proxy Caching Algorithm Based on Interactive Segment Popularity for Streaming Media	基于交互式段流行度的流媒体代理服务器缓存算法
P^2CAS^2M	Proxy Caching Algorithm Based on Segment Popularity for Streaming Media	基于段流行度的流媒体代理服务器缓存算法
P^3S^2A	Proxy-assisted Patch Pre-fetching and Service Scheduling Algorithm	代理服务器协助的补丁预取与服务调度算法
QoA	Quality of Availability	可用性质量
QoS	Quality of Service	服务质量
RSVP	Resource Reserve Protocol	网络资源预留协议
RTCP	Real-Time Transport Control Protocol	实时传输控制协议
RTP	Real-Time Transport Protocol	实时传输协议
RTSP	Real-Time Streaming Protocol	实时流协议
SCU	Smallest Caching Utility	最小缓存效用
SDP	Session Description Protocol	会话描述协议
SIP	Session Initiation Protocal	会话初始协议
SMP	Split and Merge Protocol	分离与结合协议
SP	Server Peer	服务器节点
TAO	Topology-Aware Overlay	感知拓扑结构的叠加层
UFLP	Uncapacitated Facility Location Problem	无能力限制设备的定位问题
VCR	Video Cassette Recorder	模拟式磁带录放机
VoD	Video on Demand	视频点播